普通高等教育机电类系列教材

机械设计基础作业集

主编　何晓玲　王　军

参编　田同海　王惠宁　陈科家　杜新武

　　　周铭丽　党玉功　李雪飞　张中利

机 械 工 业 出 版 社

本作业集是编者在多年从事机械设计基础课程教学的基础上，参考了相关的教材、习题集和思考题而编写的。针对教学中学生不易掌握的难点、疑点内容，作业安排由浅入深，循序渐进。习题的选择难易适中，覆盖通用的《机械设计基础》教材的主要内容，并有一定的余量，可供选择使用。根据各章节内容的特点，作业题的题型丰富多样，包括判断题、选择题、填空题、分析与思考题、作图题、计算题、结构设计与分析题等。学生在完成该作业集的作业后，即可掌握机械设计基础解题的基本方法和机械设计基础课程的主要内容。作业集采用活页的形式，既方便学生做作业，也便于教师的批改，并使作业规范化。

本习题集附有参考答案，需要者可通过 kdjxyl@163.com 与主编联系。

本作业集可供高等院校机械类、近机械类各专业学生使用，也可供参加研究生入学考试和自学考试的学生学习机械设计基础课程使用。

图书在版编目（CIP）数据

机械设计基础作业集/何晓玲，王军主编. —北京：机械工业出版社，2012.8（2025.8 重印）

普通高等教育机电类系列教材

ISBN 978-7-111-39074-9

Ⅰ.①机…　Ⅱ.①何…②王…　Ⅲ.①机械设计-高等学校-习题集　Ⅳ.①TH122-44

中国版本图书馆 CIP 数据核字（2012）第 151627 号

机械工业出版社（北京市百万庄大街 22 号　邮政编码 100037）
策划编辑：刘小慧　责任编辑：刘小慧　赵亚敏　武　晋　版式设计：霍永明
责任校对：刘秀芝　封面设计：张　静　责任印制：刘　媛
北京华宇信诺印刷有限公司印刷
2025 年 8 月第 1 版第 8 次印刷
184mm×260mm · 12.75 印张 · 151 千字
标准书号：ISBN 978-7-111-39074-9
定价：49.00 元

电话服务	网络服务
客服电话：010-88361066	机　工　官　网：www.cmpbook.com
010-88379833	机　工　官　博：weibo.com/cmp1952
010-68326294	金　　书　　网：www.golden-book.com
封底无防伪标均为盗版	机工教育服务网：www.cmpedu.com

前　言

机械设计基础课程是工科院校机械类、近机械类专业的一门重要的基础课，在教学计划中占有重要的地位。为了学好这门课程，除了课堂学习以外，还需要完成一定量的习题。编写本作业集的目的就是配合机械设计基础课程教学，加深、巩固学生对基本概念、基本理论和基本方法的理解和掌握，提高学生机构分析与综合、通用零部件的设计以及结构设计的能力，从而培养学生分析问题、解决问题和创新设计能力，达到机械设计基础课程的教学目的。

本作业集是编者在多年从事机械设计基础课程教学的基础上，参考了相关的教材、习题集以及思考题而编写的，可与机械工业出版社出版，河南科技大学王军、何晓玲等编写的《机械设计基础》教材配套使用。针对教学中学生不易掌握的难点、疑点内容，作业安排由浅入深，循序渐进。习题的选择难易适中，覆盖通用的《机械设计基础》教材各章的主要内容，并有一定的余量，可供选择使用。根据各章节内容的特点，作业题的题型丰富多样，包括判断题、选择题、填空题、分析与思考题、作图题、计算题、结构设计与分析题等。学生在完成该作业集的作业后，即可掌握机械设计基础解题的基本方法和机械设计基础课程的主要内容。作业集采用活页的形式，既方便学生做作业，也便于教师的批改，并使作业规范化。

本作业集附有参考答案，需要者可通过电子邮件 kdjxyl@163.com 与编者联系。

本作业集可供高等院校机械类、近机械类各专业学生使用，也可供参加研究生入学考试和自学考试的学生学习机械设计基础课程使用。

本作业集由河南科技大学机械原理及机械设计教研室教师编写，其中王军编写第一章、第五章，王惠宁编写第二章、第十二章，何晓玲编写第三章、第十一章，田同海编写第四章、第六章，陈科家编写第七章、第八章和第九章，周铭丽编写第十章，党玉功编写第十三章，杜新武编写第十四章、第十六章，李雪飞编写第十五章，张中利编写第十七章、第十八章。本作业集由何晓玲、王军担任主编。

由于编者水平所限，书中漏误及不当之处在所难免，敬请各位老师和使用者提出批评及改进意见。

编　者

目　录

第一章　绪　论

1-1　试举出两个机器实例，并说明其组成、功能。

1-2　什么是零件？什么是构件？什么是部件？试各举三个实例。

1-3　什么是通用零件？什么是专用零件？试各举三个实例。

1-4　指出下列机器的动力系统、传动系统、控制系统、执行系统和辅助系统。

（1）自行车。

（2）车床。

（3）缝纫机。

（4）电风扇。

（5）录音机。

班级		成绩	
姓名		任课教师	
学号		批改日期	

第二章　平面机构的结构分析和速度分析

2-1　判断题（正确的在括号中填√，错误的填×）

（1）机构具有确定运动的条件是机构的自由度等于1。（　）

（2）两个以上的构件在一处用低副相连接就构成复合铰链。（　）

（3）机构中的虚约束，如果制造或安装精度不够时，就会成为真实约束。（　）

（4）虚约束对机构的运动有限制作用。（　）

（5）三心定理适用于机构中任意三个构件。（　）

2-2　选择题

（1）机构的特征之一是________。

A. 有连杆　B. 有电动机　C. 自由度等于1　D. 各构件之间具有确定的相对运动

（2）一个作平面运动的自由构件，自由度为________。

A. 1　B. 3　C. 6　D. 9

（3）用一个平面低副连接的两个构件所形成的运动链共有________个自由度。

A. 3　B. 4　C. 5　D. 6

（4）计算机构自由度时，若没有发现局部自由度，则机构自由度就会________。

A. 增加　B. 减少　C. 不变　D. 不能确定

（5）当两构件作平面相对运动时，在任一瞬时都可认为它们在绕________作相对转动。

A. 转动副　B. 瞬心　C. 质心　D. 形心

2-3　填空题

（1）组成机构的要素是______和______；构件是机构中的______单元体，它由______个或______个零件______连接组成。

（2）两构件之间以面接触组成的平面运动副，称为______副，它产生______个约束；以点、线接触组成的平面运动副，称为______副，它产生______个约束。

（3）一种机构______组成不同的机器，一台机器______由不同的机构组成。

（4）计算机构自由度时，若计入虚约束，则计算的自由度就会______。

（5）机构要能够运动，自由度必须______；机构具有确定的相对运动则必须满足______________。

（6）当两构件组成平面移动副时，其瞬心位于________________处；当两构件组成高副时，其瞬心位于________________处。

（7）相对瞬心与绝对瞬心的相同点是________________，不同点是________________。

（8）三个彼此作平面运动的构件间共有______个速度瞬心，这几个瞬心必定位于______上。

班级		成绩	
姓名		任课教师	
学号		批改日期	

2-4 试画出唧筒机构的运动简图，并计算其自由度。

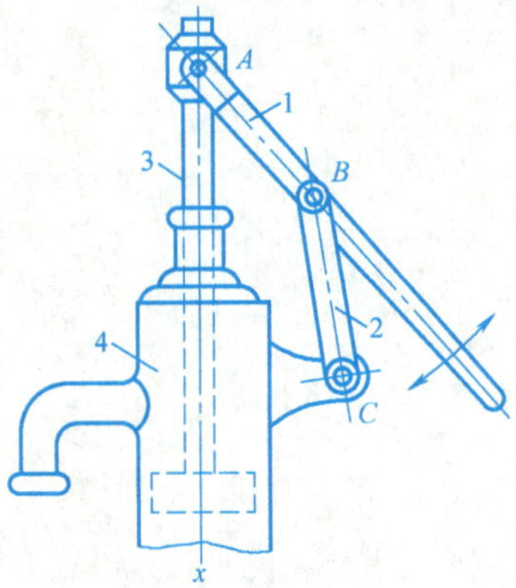

2-5 试画出内燃机机构的运动简图，并计算其自由度。

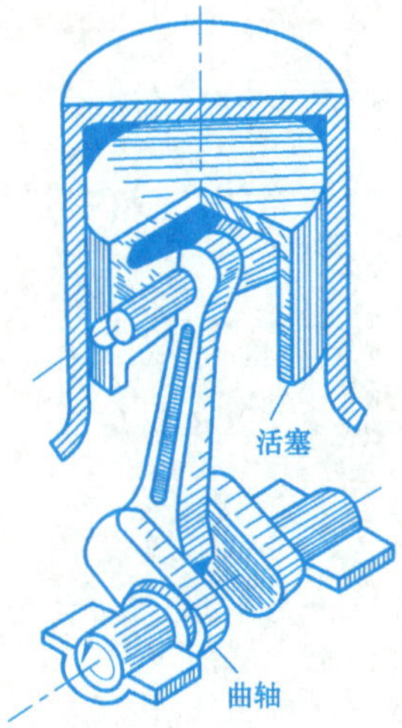

2-6 试画出下图所示机构的运动简图，并计算其自由度。

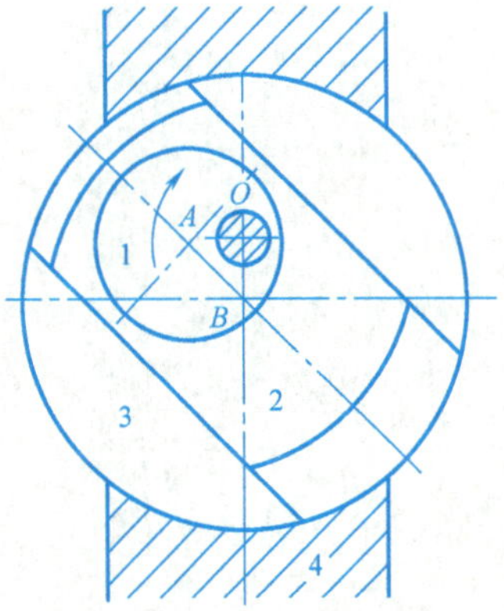

班级		成绩	
姓名		任课教师	
学号		批改日期	

2-7　下图所示为一简易压力机的初拟设计方案。设计者的思路是：动力由齿轮 1 输入，使轴 A 连续回转，而装在轴 A 上的凸轮 2 与杠杆 3 组成的凸轮机构使冲头 4 上、下运动，以达到冲压的目的。试绘出机构运动简图，分析能否实现设计意图，并提出修改方案。

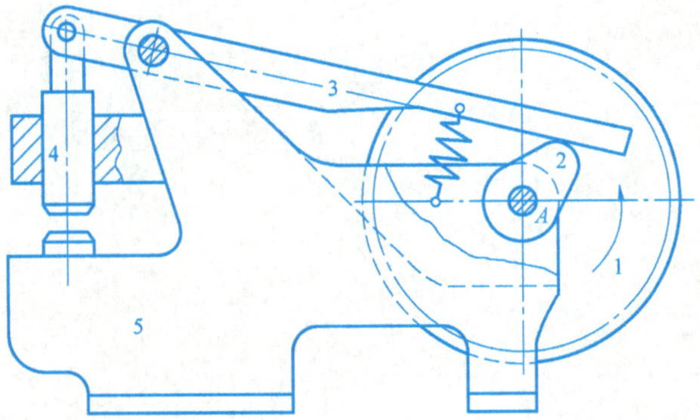

2-8　计算下图所示机构的自由度，并指出其中是否有复合铰链、局部自由度或虚约束。

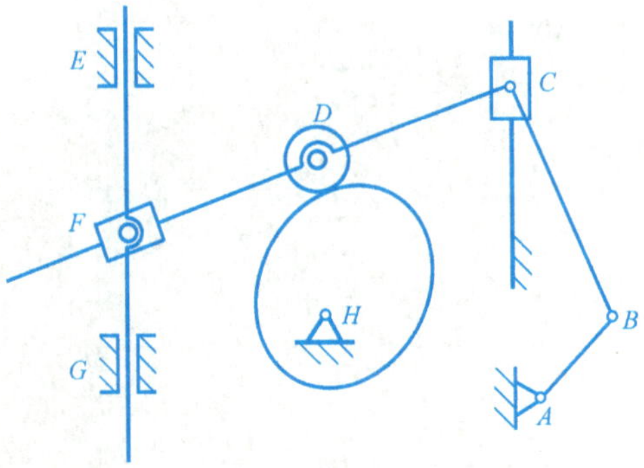

班级		成绩	
姓名		任课教师	
学号		批改日期	

2-9 计算下图所示机构的自由度，并指出其中是否有复合铰链、局部自由度或虚约束。

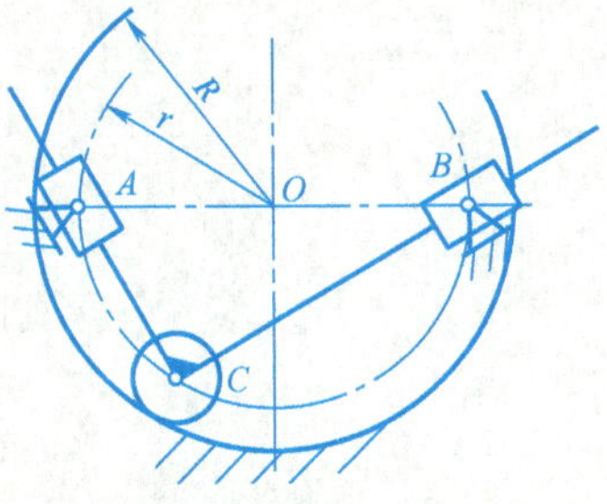

$\angle ACB=90°$

2-10 计算下图所示机构的自由度，并指出其中是否有复合铰链、局部自由度或虚约束。

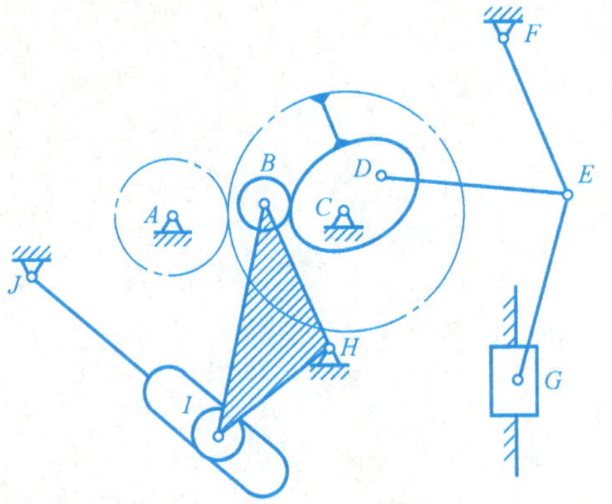

2-11 计算下图所示机构的自由度，并指出其中是否有复合铰链、局部自由度或虚约束。

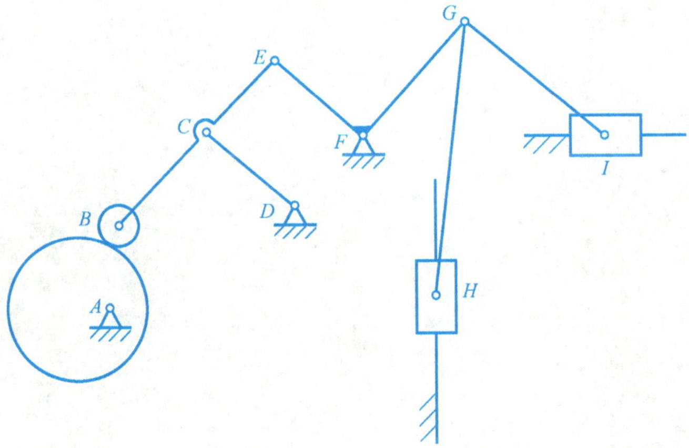

班级		成绩	
姓名		任课教师	
学号		批改日期	

2-12　计算下图所示机构的自由度，指出其中是否有复合铰链、局部自由度或虚约束，并说明该机构具有确定运动的条件。

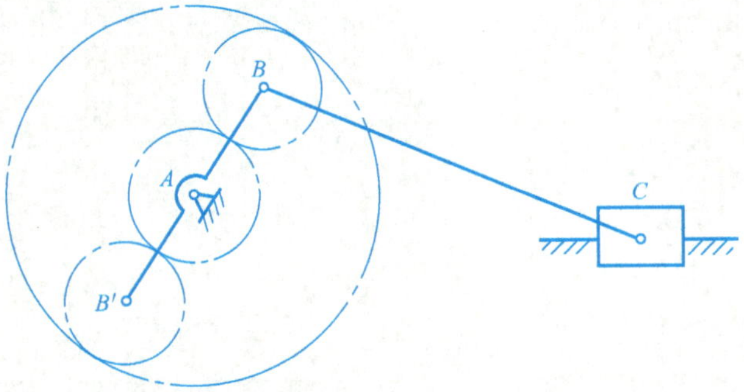

2-13　计算下图所示机构的自由度，指出其中是否有复合铰链、局部自由度或虚约束，并说明该机构具有确定运动的条件。

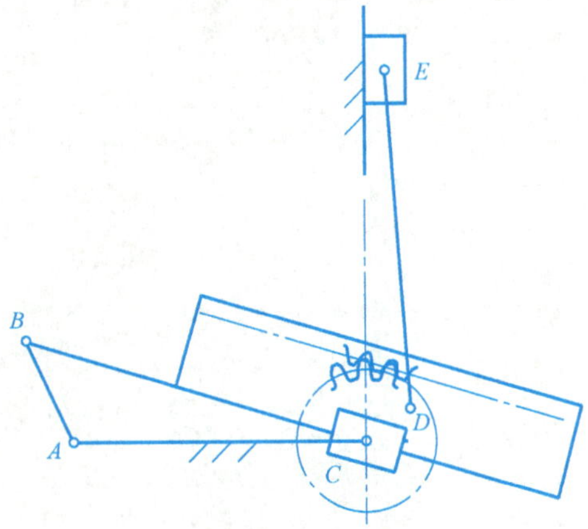

2-14　试求下列机构在图示位置的全部瞬心。

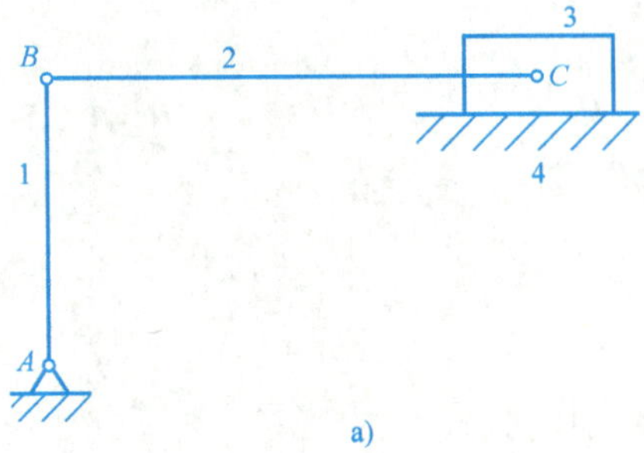

a)

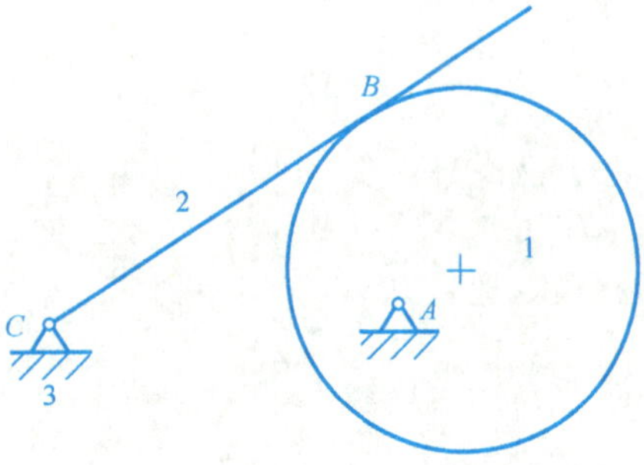

b)

班级		成绩	
姓名		任课教师	
学号		批改日期	

2-15　下图所示为四杆机构。已知各构件的尺寸，试求机构的全部瞬心和构件 3 的速度及构件 2 上点 D 的速度。

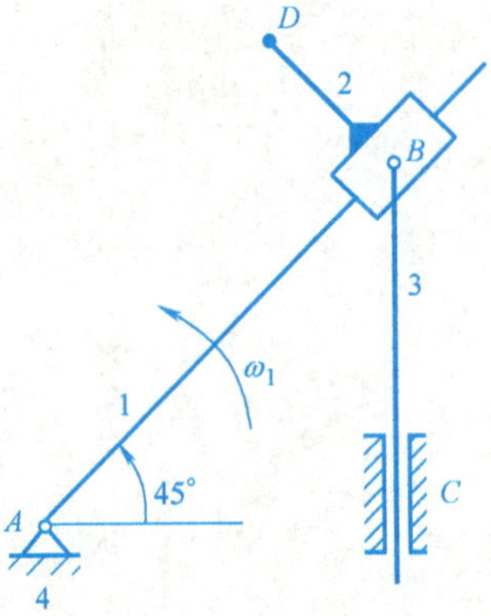

$\mu_l=0.005\frac{\text{m}}{\text{mm}}$

2-16　在下图所示的四杆机构中，已知 $l_{AB}=60\text{mm}$，$l_{CD}=90\text{mm}$，$l_{AD}=l_{BC}=120\text{mm}$，$\omega_1=20\text{rad/s}$，试用瞬心法求图示位置时：

（1）点 C 的速度 v_c。

（2）构件 2 的 BC 线（或其延长线）上速度最小的点 E 的位置及速度的大小。

$\mu_l=0.002\frac{\text{m}}{\text{mm}}$

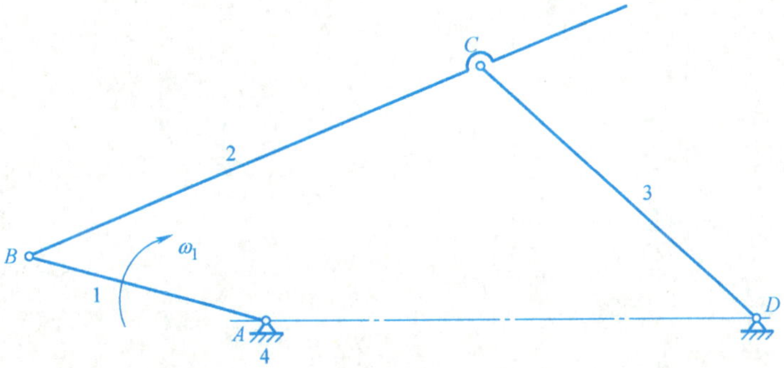

班级		成绩	
姓名		任课教师	
学号		批改日期	

第三章　平面连杆机构及其设计

3-1　判断题（正确的在括号中填√，错误的填×）

（1）曲柄摇杆机构中，曲柄一定是最短构件。　（　　）

（2）铰链四杆机构中若最短杆和最长杆长度之和小于其他两杆长度之和时，则机构中一定有曲柄存在。　（　　）

（3）曲柄摇杆机构只能将回转运动转换为往复摆动。　（　　）

（4）在左下图所示的铰链四杆机构 *ABCD* 中，适当选取杆长 *BC*，就能获得曲柄摇杆机构。　（　　）

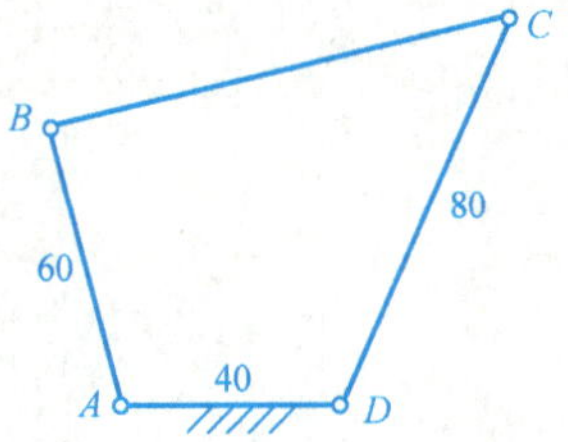

题（4）图

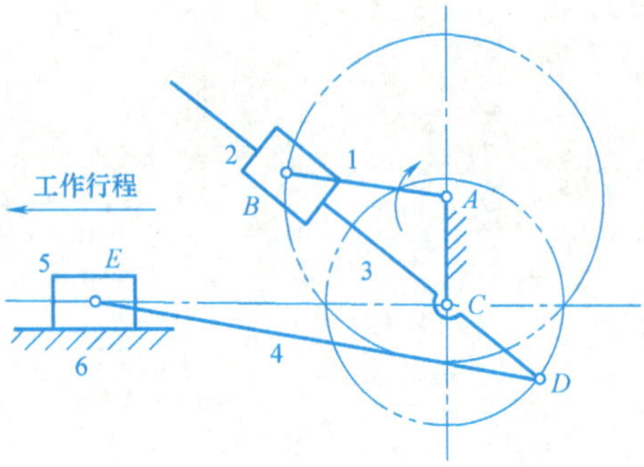

题（5）图

（5）右上图所示为六杆机构。当原动曲柄 *AB* 等速运动时，滑块的行程速比系数 *K* 大于 1。　（　　）

（6）曲柄滑块机构一定存在急回特性。　（　　）

（7）设计连杆机构时，为了具有良好的传力性能，应使传动角大一些。　（　　）

（8）铰链四杆机构在死点位置时，驱动力任意增加也不能使机构产生运动。　（　　）

（9）任何平面四杆机构出现死点位置都是不利的，因此应设法避免。　（　　）

（10）增大构件的惯性是机构通过死点位置的唯一办法。　（　　）

3-2　填空题

（1）曲柄摇杆机构中改变________________演化形成曲柄滑块机构。在曲柄滑块机构中改变__________演化形成偏心轮机构，改变____________得到曲柄摇块机构。

（2）在铰链四杆机构中，已知 $l_{AB}=240\text{mm}$、$l_{BC}=600\text{mm}$、$l_{CD}=400\text{mm}$、$l_{AD}=500\text{mm}$。当取杆 *AD* 为机架时，____曲柄存在，杆____为曲柄，此时该机构为________机构。要使该机构成为双曲柄机构，则应取____为机架；要使该机构成为双摇杆机构，则应取____为机架。

（3）曲柄摇杆机构以曲柄为原动件时，最小传动角出现在____与____共线的位置之一。

（4）在常用的四杆机构中，能实现急回运动的机构有____________________、____________________、____________________。

（5）在常用的四杆机构中，能将回转运动转换为往复摆动的机构有________________、________________；能把回转运动转换成往复直线运动的机构有________________、________________。

班级		成绩	
姓名		任课教师	
学号		批改日期	

（6）曲柄滑块或曲柄摇杆机构，当曲柄作________运动，并且________时，机构具有急回特性。

（7）曲柄摇杆机构中，已知曲柄等速转动，极位夹角 $\theta=30°$，若摇杆空回行程所用时间 $t_{回}=5s$，则摇杆的工作行程所用时间 $t_{工}=$ ______s。

（8）四杆机构中，以__________运动的构件为主动件，且__________与__________共线时，机构处于死点位置。

（9）用铰链四杆机构最多能精确实现________组连架杆对应位置。

3-3　下图所示的铰链四杆机构中，已知 l_{AB}、l_{BC}、l_{CD} 的长度，要获得双摇杆机构，试确定 l_{AD} 的取值范围。

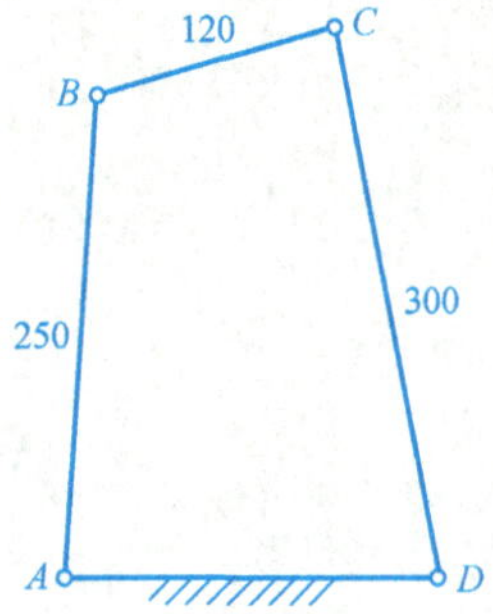

3-4　试分别标出下列机构图示位置的压力角 α 和传动角 γ。箭头标注的构件为主动件。

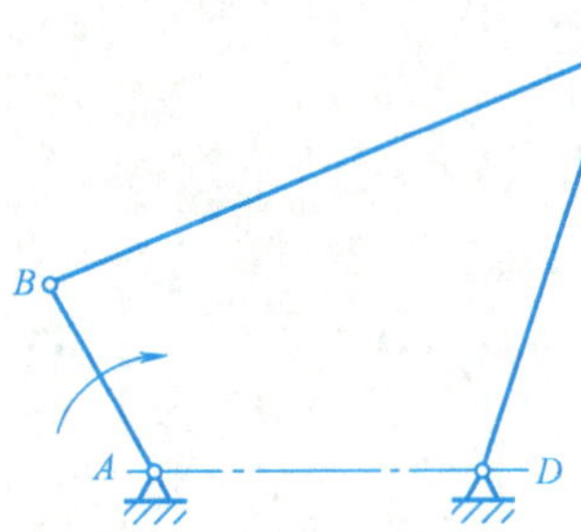

a)

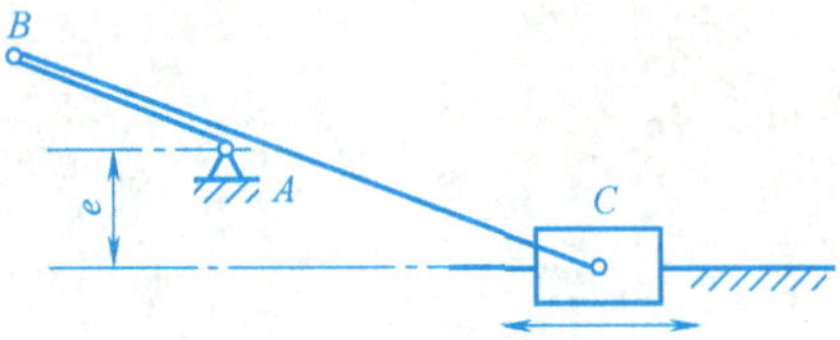

b)

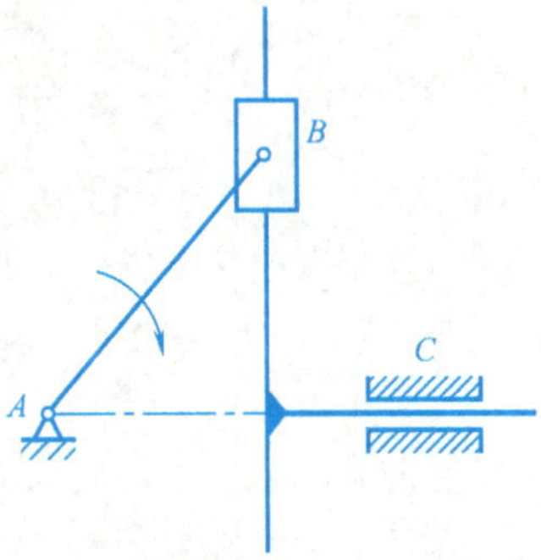

c)

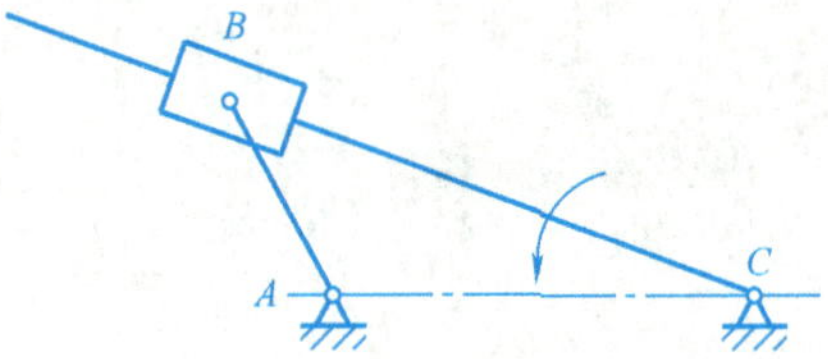

d)

班级		成绩	
姓名		任课教师	
学号		批改日期	

3-5　在下列图示的各机构中，已知各构件的尺寸（比例尺 $\mu_1 = 0.0025\text{m/mm}$），要求：

（1）给出各机构的名称。

（2）杆 AB 为原动件，顺时针转向时，机构是否存在急回运动？若存在，试用作图法确定极位夹角 θ，计算行程速比系数 K，并确定从动件工作行程的运动方向。

（3）杆 AB 为原动件时，求作最小传动角 γ_{min}（或最大压力角 α_{max}）。

（4）机构是否存在死点位置？若存在，试说明存在的条件和相应的位置。

机构简图	机构名称及其他
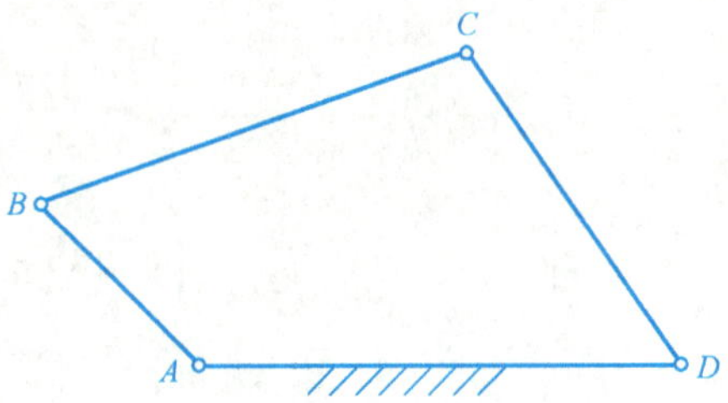 a)	名称：________机构 θ = ______，K = ______ 从动件工作行程的运动方向：______ 存在死点位置的条件：______ 死点位置：______、______
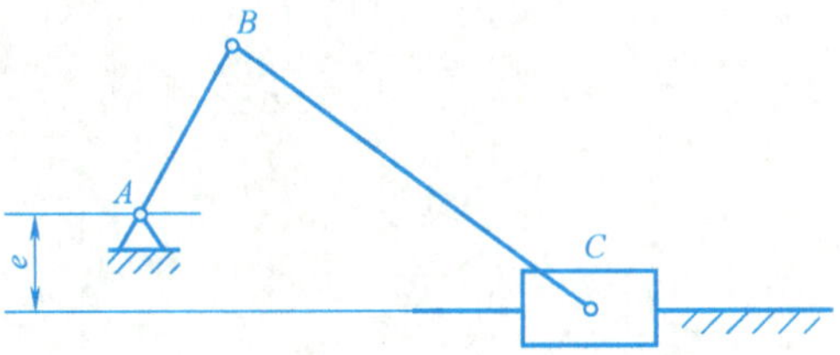 b)	名称：________机构 θ = ______，K = ______ 从动件工作行程的运动方向：______ 存在死点位置的条件：______ 死点位置：______、______
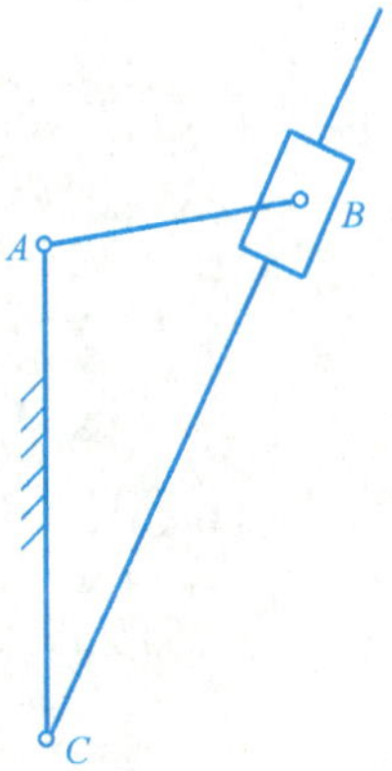 c)	名称：________机构 θ = ______，K = ______ 从动件工作行程的运动方向：______ 存在死点位置的条件：______ 死点位置：______、______

班级		成绩	
姓名		任课教师	
学号		批改日期	

3-6　现欲设计一铰链四杆机构。已知摇杆 CD 的长度 $l_{CD}=75\text{mm}$，行程速比系数 $K=1.5$，机架 AD 的长度 $l_{AD}=100\text{mm}$，摇杆的一个极限位置与机架间的夹角 $\psi=45°$，试求曲柄 AB 的长度和连杆 BC 的长度（有两个解）。

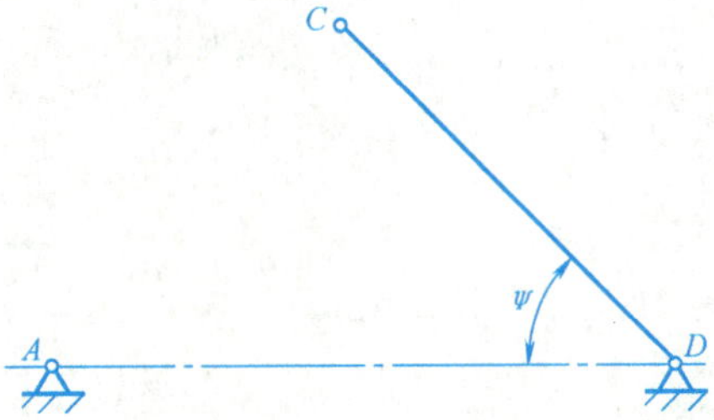

$\mu_1=0.002\text{m/mm}$

（单位：mm）

	l_{AB}	l_{BC}
解 1		
解 2		

3-7　设计一曲柄摇杆机构。当曲柄为原动件，从动摇杆处于两个极限位置时，连杆的两个铰链点的连线正好处于图示之 C_1 Ⅰ、C_2 Ⅱ 位置，且连杆处于位置 C_1 Ⅰ 时机构的压力角为 40°。若连杆与摇杆的铰接点取在 C 点（即图中的 C_1 或 C_2 点），试用图解法求曲柄 AB、摇杆 CD 和机架 AD 的长度。

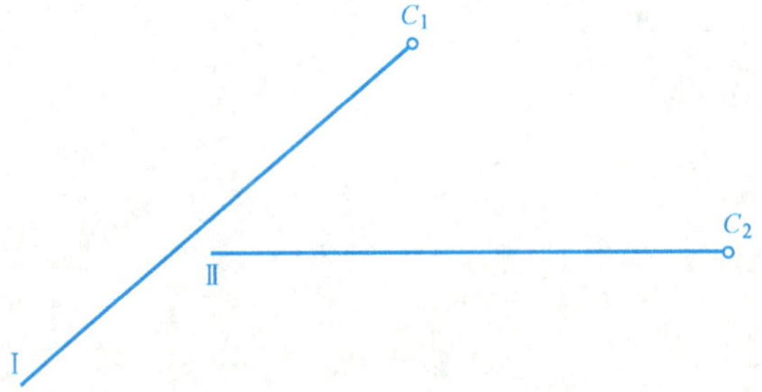

$\mu_1=0.001\text{m/mm}$

（单位：mm）

l_{AB}	l_{BC}	l_{CD}	l_{AD}

班级		成绩	
姓名		任课教师	
学号		批改日期	

3-8　下图 a 所示为实验用小电炉的炉门启闭机构，炉门关闭时在位置 E_1，敞开时在位置 E_2。试按已选定炉门上的两个铰链 B 和 C 的位置，且 A、D 选在 yy 线上（图 b），用图解法设计一铰链四杆机构来实现炉门启闭的操作。

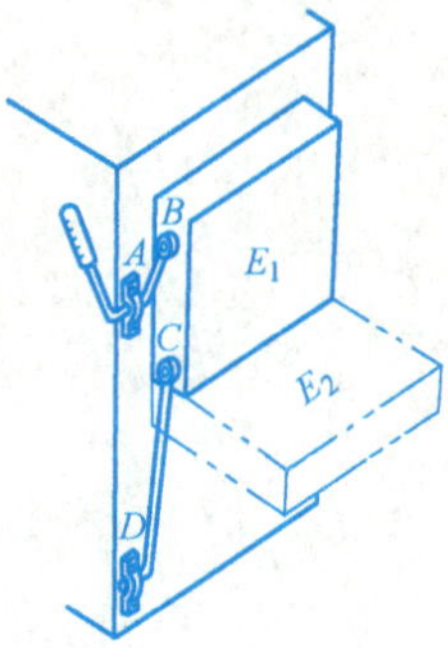

a)

$\mu_1 = 0.005\text{m/mm}$

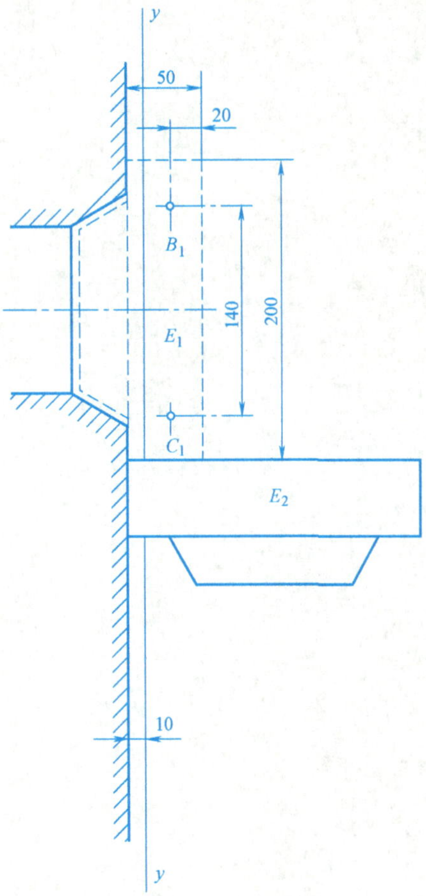

b)

简要作图步骤：

（单位：mm）

l_{AB}	l_{AD}	l_{CD}

班级		成绩	
姓名		任课教师	
学号		批改日期	

3-9　设计一曲柄摇杆机构。已知摇杆 CD 的长度 $l_{CD}=300mm$，摇杆两极限位置间的夹角 $\psi=32°$，行程速比系数 $K=1.25$，试用图解法求其余三杆的长度，并校验最小传动角 γ_{min} 是否在允许值范围内（若 $\gamma_{min}<40°$，则应另选铰链 A 的位置，重新校验）。

$\mu_l=0.005m/mm$

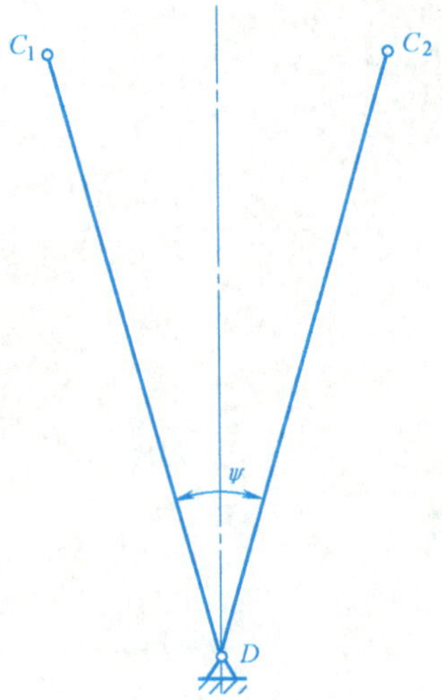

l_{AB}(mm)	l_{BC}(mm)	l_{AD}(mm)	γ_{min}(°)

3-10　设计一曲柄摇杆机构。已知摇杆 CD 的长度 $l_{CD}=50mm$，摇杆两极限位置间的夹角 $\psi=50°$，行程速比系数 $K=1$，且要求摇杆 CD 的右极限位置与机架间的夹角 $\angle ADC_2=90°$，试用图解法求其余三杆的长度。

$\mu_l=0.001m/mm$

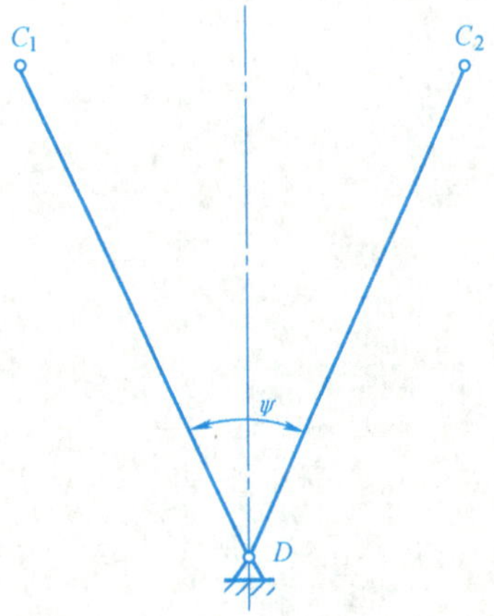

（单位：mm）

l_{AB}	l_{BC}	l_{AD}

班级		成绩	
姓名		任课教师	
学号		批改日期	

3-11　设计一偏置曲柄滑块机构。已知滑块的行程 $H=50\text{mm}$，行程速比系数 $K=1.4$，导路的偏距 $e=20\text{mm}$，试用图解法求曲柄的长度 l_{AB} 和连杆的长度 l_{BC}，并求作最大压力角 α_{max}。

$\mu_1=0.001\text{m/mm}$

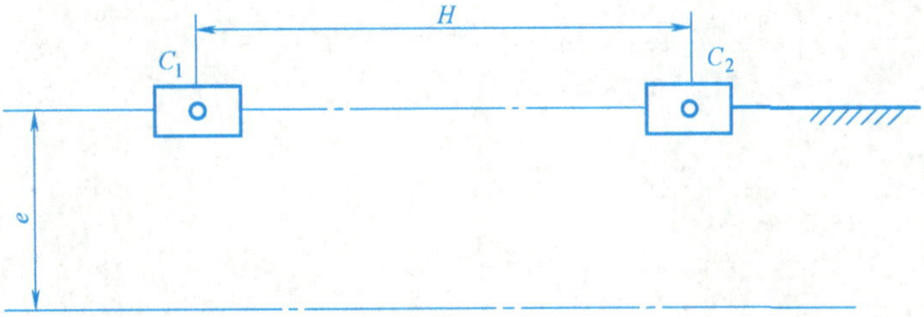

l_{BC}(mm)	l_{AB}(mm)	α_{max}(°)

3-12　在下图中，要求四杆机构两连架杆的三组对应位置分别为 $\alpha_1=35°$、$\varphi_1=50°$，$\alpha_2=80°$、$\varphi_2=75°$，$\alpha_3=125°$、$\varphi_3=105°$，$\alpha_0=\varphi_0=0°$，机架长度 $l_{AD}=80\text{mm}$，试用解析法设计此四杆机构，并以图示比例绘出机构在第三个位置的运动简图。

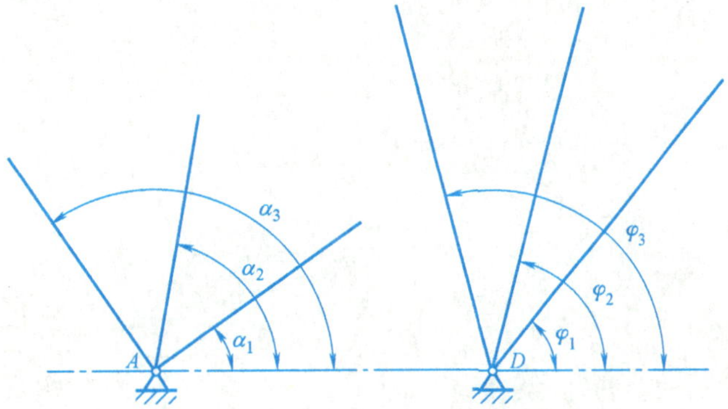

（单位：mm）

l_{AB}	l_{BC}	l_{CD}	l_{AD}

班级		成绩	
姓名		任课教师	
学号		批改日期	

第四章　凸轮机构及其设计

4-1　判断题（正确的在括号中填√，错误的填×）

（1）只需设计适当的凸轮轮廓，就可使从动件实现所需要的运动规律。（　　）

（2）凸轮机构为高副机构，易于磨损，所以通常用于传力较小的控制机构。（　　）

（3）凸轮机构的等加速/等减速运动规律，是指从动件在推程中作等加速运动，在回程中作等减速运动，且加速度的绝对值相等。（　　）

（4）根据直动滚子从动件盘形凸轮机构理论廓线与实际廓线的关系，只要将理论廓线上各点的向径减去滚子半径，便可得到实际廓线上各相应点的向径。（　　）

（5）在滚子从动件盘形凸轮机构中，基圆半径 r_0 和压力角 α 应在理论廓线上度量。（　　）

（6）为使平底直动从动件盘形凸轮机构的受力情况良好，可采用导路偏置的方法减小推程压力角。（　　）

（7）在滚子直动从动件盘形凸轮机构中，改变滚子的大小对从动件的运动规律无影响。（　　）

（8）当凸轮机构压力角的最大值达到许用值时，就必然出现自锁现象。（　　）

（9）如果两个凸轮的实际廓线相同，无论从动件的端部形状如何，其运动规律一定相同。（　　）

4-2　选择题

（1）与其他机构相比，凸轮机构的最大优点是__________。

A. 可实现各种预期的运动规律　　B. 便于润滑

C. 制造方便，易获得较高的精度　　D. 从动件的行程可较大

（2）与连杆机构相比，凸轮机构的最大缺点是__________。

A. 惯性力难以平衡　B. 点、线接触易磨损　C. 设计较为复杂　D. 不能实现间歇运动

（3）高速凸轮机构，为减少冲击振动，从动件运动规律应选取__________运动规律。

A. 等速　B. 等加速/等减速　C. 余弦加速度　D. 正弦加速度

（4）凸轮从动件按等速运动规律上升时，冲击出现在__________。

A. 升程开始点　　B. 升程结束点

C. 升程中点　　D. 升程开始点和升程结束点

（5）用反转法设计滚子从动件盘形凸轮机构时，凸轮的实际轮廓曲线是__________。

A. 滚子中心的轨迹　　B. 滚子圆的包络线

C. 理论轮廓曲线沿导路减去滚子半径后的曲线

（6）设计滚子从动件盘形凸轮轮廓曲线时，若将滚子半径加大，那么凸轮实际轮廓曲线上各点的曲率半径__________。

A. 一定变大　B. 一定变小　C. 不变　D. 可能变大，也可能变小

（7）对心直动尖底从动件盘形凸轮机构的推程压力角超过许用值时，可采用______措施来解决。

A. 增大基圆半径　B. 改用滚子从动件　C. 改变凸轮转向　D. 减小基圆半径

班级		成绩	
姓名		任课教师	
学号		批改日期	

（8）________盘形凸轮机构的压力角恒等于常数。

A. 摆动尖底从动件　B. 直动滚子从动件　C. 直动平底从动件　D. 摆动滚子从动件

（9）直动尖底从动件凸轮机构中，基圆半径的大小会影响____________。

A. 从动件的位移　B. 从动件的速度　C. 从动件的加速度　D. 凸轮机构的压力角

（10）理论廓线相同，而实际廓线不同的两个对心直动滚子从动件盘形凸轮机构，其运动规律是__________的。

A. 相同　B. 不一定相同　C. 不相同

4-3　填空题

（1）在凸轮机构中，从动件的运动规律为_______________规律时，机构会产生刚性冲击；运动规律为________________、________________规律时，机构会产生柔性冲击。

（2）为减小滚子直动从动件凸轮机构的压力角，可采取的措施有________和________。

（3）凸轮的基圆半径是从________________到________________的最短距离。

（4）凸轮机构的从动件在运动过程中，如果______有突变，将引起刚性冲击；如果________有突变，将引起柔性冲击。

（5）凸轮机构的从动件以等加速/等减速运动规律运动时，在运动阶段__________存在____________冲击。

（6）在设计滚子直动从动件盘形凸轮轮廓曲线时，若发现凸轮轮廓曲线有失真和变尖现象，则在几何尺寸上应采取的措施为________________或____________________。

（7）对于尖底从动件盘形凸轮机构，其实际轮廓线______________理论轮廓线；对于滚子从动件盘形凸轮机构，其实际轮廓线与理论轮廓线为一对______________曲线。

（8）在设计直动从动件凸轮机构时，凸轮基圆半径取得越______，其压力角________，则凸轮机构的传力性能越好。

（9）平底直动从动件盘形凸轮机构，平底与导路相垂直，其压力角 α 等于____。

（10）在直动从动件盘形凸轮机构中，采用偏置的目的是________________________。

4-4　何谓凸轮机构传动中的刚性冲击和柔性冲击？试补全图示各段的 s-φ、v-φ、a-φ 曲线，并指出哪些地方有刚性冲击，哪些地方有柔性冲击？

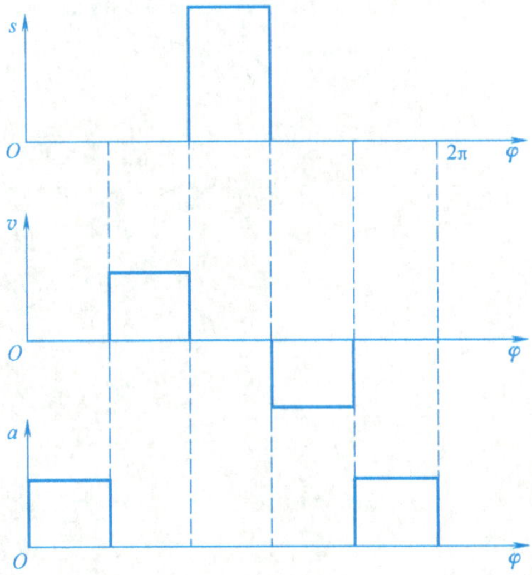

班级		成绩	
姓名		任课教师	
学号		批改日期	

4-5　用图解法设计一偏置直动滚子从动件盘形凸轮机构。已知凸轮以等角速度逆时针回转，凸轮基圆半径 $r_0=30\text{mm}$，偏距 $e=10\text{mm}$，滚子半径 $r_r=10\text{mm}$，$\Phi=150°$，$\Phi_s=30°$，$\Phi'=120°$，$\Phi_s'=60°$，从动件的行程 $h=25\text{mm}$，在推程作余弦加速度运动，在回程作等加速/等减速运动。

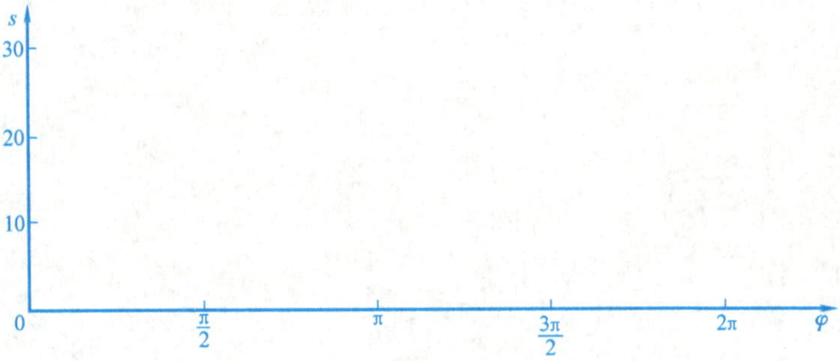

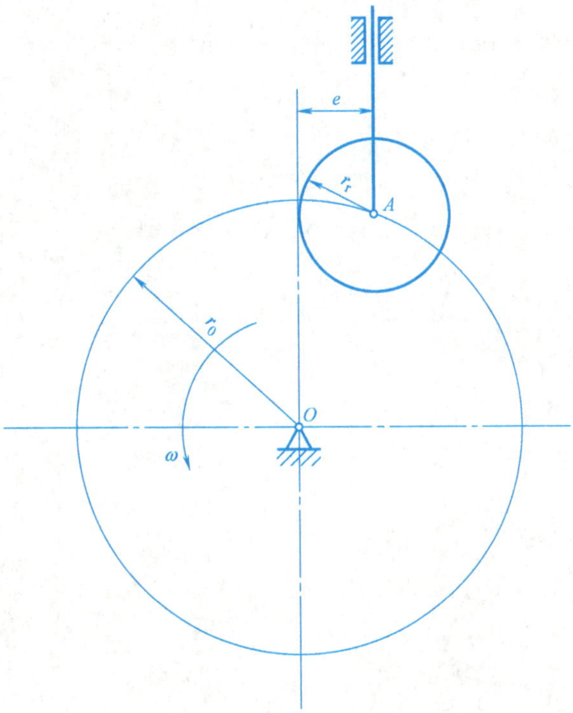

班级		成绩	
姓名		任课教师	
学号		批改日期	

4-6　用图解法设计一对心平底直动从动件盘形凸轮机构。已知凸轮以等角速度顺时针回转，凸轮基圆半径 $r_0=30\text{mm}$，$\Phi=150°$，$\Phi_s=30°$，$\Phi'=120°$，$\Phi_s'=60°$，从动件行程 $h=25\text{mm}$，在推程作等速运动，在回程作余弦加速度运动。

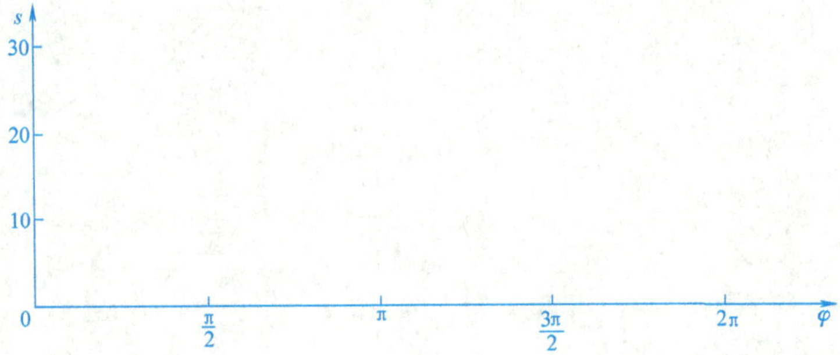

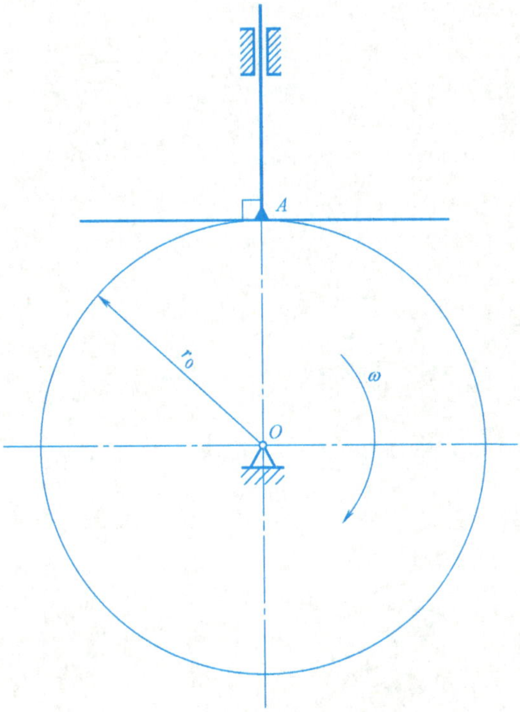

班级		成绩	
姓名		任课教师	
学号		批改日期	

4-7　用图解法设计一滚子摆动从动件盘形凸轮机构。已知 $l_{OA}=60\text{mm}$，$l_{AB}=36\text{mm}$，$r_0=35\text{mm}$，滚子半径 $r_r=8\text{mm}$，凸轮以等角速度逆时针回转，$\Phi=150°$，$\Phi_s=30°$，$\Phi'=120°$，$\Phi_s'=60°$，从动件行程 $\psi_{max}=20°$，在推程作等加速/等减速运动，在回程作余弦加速度运动。

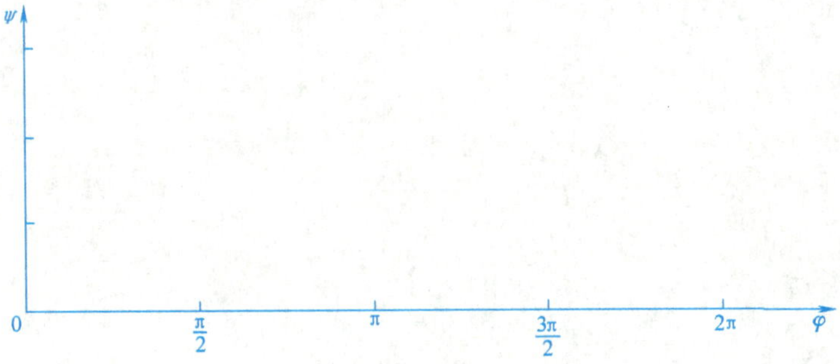

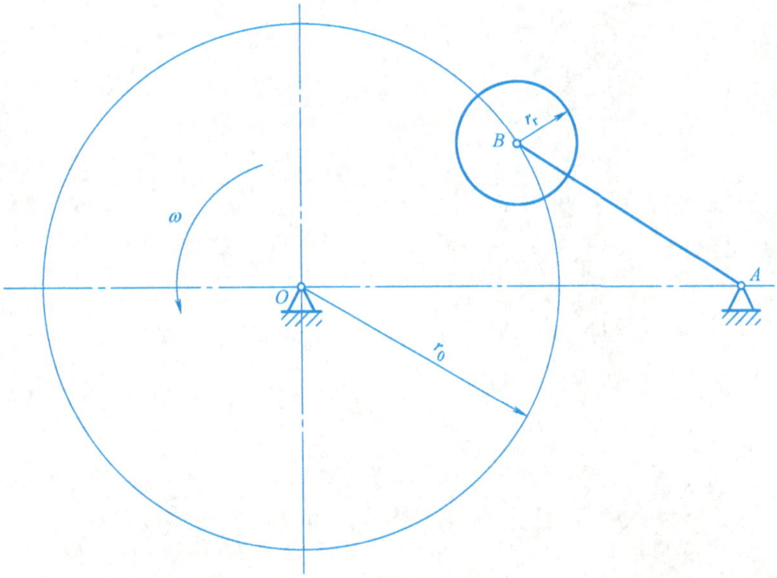

班级		成绩	
姓名		任课教师	
学号		批改日期	

4-8　在下图所示的两凸轮机构中，从动件的起始上升点均为 C_0 点。

（1）试在图上标出从 C_0 点到 C 点接触时，凸轮转过的角度 φ 及从动件的位移 s（或角位移 ψ）。

（2）标出在 C 点接触时凸轮机构的压力角 α。

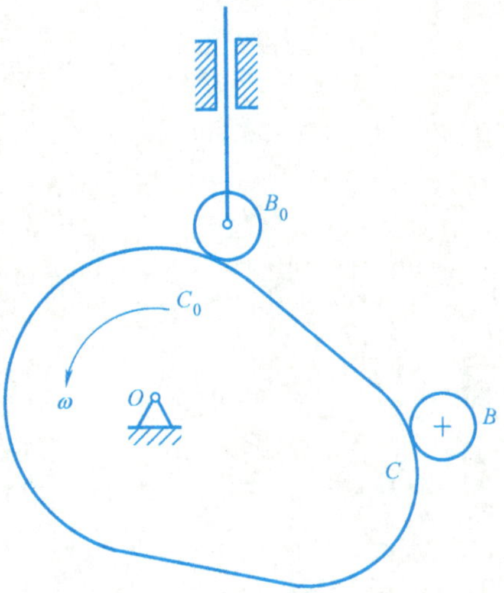

a)

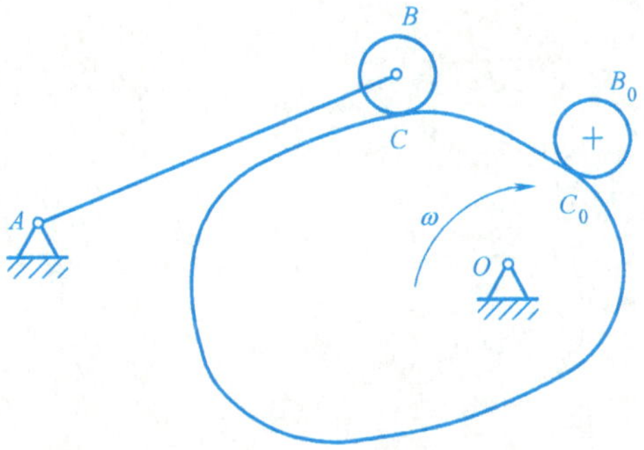

b)

班级		成绩	
姓名		任课教师	
学号		批改日期	

4-9　下图所示为滚子从动件盘形凸轮机构，凸轮廓线 AB 段为直线，BC 段为圆心在 O_1 点的圆弧，CD 段为直线，DA 段为圆心在 O 点的圆弧。试在图中

（1）画出凸轮的理论轮廓曲线及基圆，标出基圆半径 r_0。

（2）标出图示位置从动件的位移 s 及压力角 α。

（3）标出从动件的行程 h，推程运动角 Φ，远休止角 Φ_s，回程运动角 Φ' 及近休止角 Φ'_s。

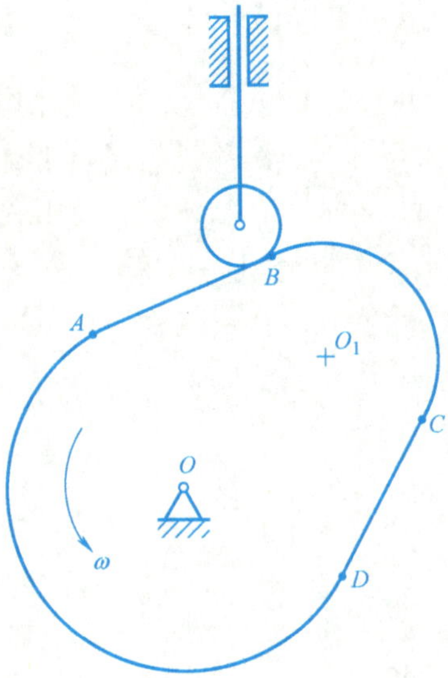

4-10　在下图所示的摆动滚子从动件盘形凸轮机构中，凸轮为偏心圆盘，且以角速度 ω_1 逆时针方向回转。试在图上

（1）标出图示位置从动件的角位移 ψ 及压力角 α。

（2）标出从动件的最大摆角 ψ_{max} 及凸轮的推程运动角 Φ、回程运动角 Φ'。

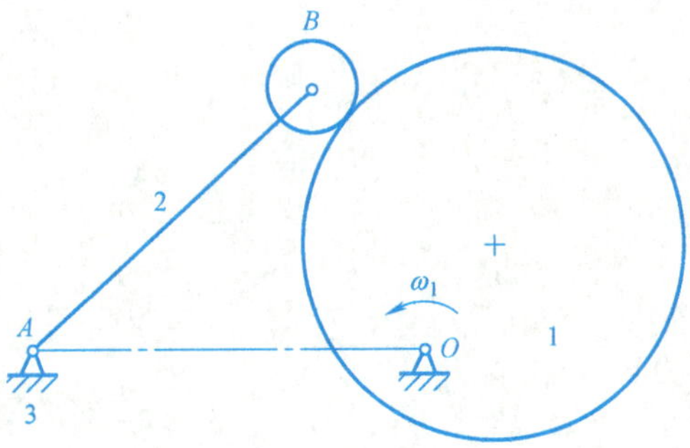

班级		成绩	
姓名		任课教师	
学号		批改日期	

4-11　下图所示为偏置直动滚子从动件盘形凸轮机构。已知凸轮实际轮廓线为一圆心在 O 点的偏心圆，其半径为 R，偏距为 e，试用图解法

（1）画出凸轮的理论廓线 β 及基圆，标出基圆半径 r_0。

（2）标出当从动件从图示位置上升位移 s_{12} 时，对应凸轮的转角 φ_{12}。

（3）画出从动件的最远位置并标出行程 h。

（4）标出图示位置凸轮机构的压力角 α_p 和导路对心时的压力角 α_d，比较 α_p 和 α_d 的大小，确定凸轮的合理转向。

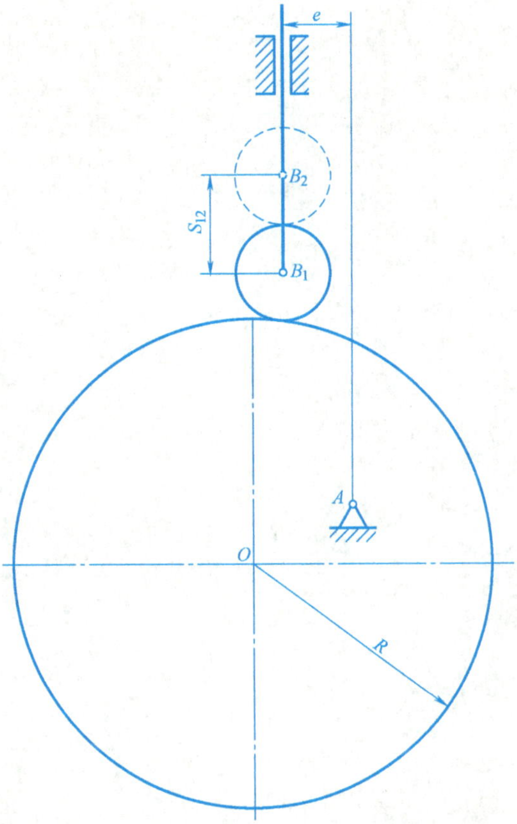

班级		成绩	
姓名		任课教师	
学号		批改日期	

第五章　齿轮机构及其设计

5-1　判断题（正确的在括号中填√，错误的填×）

（1）根据渐开线性质，基圆之内没有渐开线，所以渐开线齿轮的齿根圆必须设计得比基圆大。（　　）

（2）齿轮的标准压力角和标准模数都在分度圆上。（　　）

（3）单个齿轮既有分度圆，又有节圆。（　　）

（4）标准直齿圆柱齿轮传动的实际中心距恒等于标准中心距。（　　）

（5）标准直齿圆柱齿轮就是分度圆上的压力角和模数均为标准值的齿轮。（　　）

（6）一对渐开线齿轮啮合传动时，两齿廓间除节点外各处均有相对滑动。（　　）

（7）一对能正确啮合传动的渐开线直齿圆柱齿轮，其啮合角一定为20°。（　　）

（8）一对直齿圆柱齿轮啮合传动，模数越大，重合度也越大。（　　）

（9）用展成法切制渐开线直齿圆柱齿轮发生根切的原因是齿轮太小了，大的齿轮就不会根切。（　　）

（10）渐开线直齿圆柱齿轮传动中，齿厚和齿槽宽相等的圆一定是分度圆。（　　）

（11）渐开线直齿圆柱齿轮传动标准安装时，一定满足无侧隙和标准顶隙条件。（　　）

（12）用展成法切制渐开线齿轮时，一把模数为 m、压力角为 α 的刀具可以切削相同模数和压力角的任何齿数的齿轮。（　　）

（13）齿数 z 大于17的渐开线直齿圆柱齿轮用展成法加工时，即使变位系数 x 小于0，也一定不会发生根切。（　　）

（14）齿数小于17的正常齿制斜齿圆柱齿轮用展成法加工时，一定会发生根切。（　　）

（15）斜齿轮具有两种模数，其中以法向模数作为标准模数。（　　）

（16）对于标准直齿锥齿轮，规定以小端的参数为标准值。（　　）

（17）蜗杆传动在中间平面（主平面）上的模数和压力角为标准值。（　　）

（18）在蜗杆传动中，若要求传动效率较高时，蜗杆头数应取较大值。（　　）

5-2　选择题

（1）一对渐开线齿轮啮合传动时，其中心距安装若有误差，＿＿＿＿＿＿。

A. 仍能保证无侧隙连续传动　　B. 仍能保证瞬时传动比不变

C. 瞬时传动比虽有变化，但平均传动比仍不变

（2）一对能正确啮合传动的渐开线直齿圆柱齿轮必须满足＿＿＿＿＿。

A. 齿形相同　　B. 模数相等，齿厚等于齿槽宽　　C. 模数相等，压力角相等

（3）一对渐开线直齿圆柱齿轮啮合时，在啮合点处两轮的压力角＿＿＿＿＿＿，而在节点啮合时则＿＿＿＿＿。

A. 一定相等　　B. 一定不相等　　C. 一般不相等　　D. 不确定

（4）一对渐开线直齿圆柱齿轮传动的中心距＿＿＿＿＿等于两分度圆半径之和，但＿＿＿等于两节圆半径之和。

A. 一定　　B. 不一定　　C. 一定不

班级		成绩	
姓名		任课教师	
学号		批改日期	

(5) 一对渐开线直齿圆柱齿轮传动，其啮合角与分度圆压力角________，但和节圆压力角________。

A. 一定相等　　　B. 一定不相等　　　C. 不确定

(6) 一对渐开线标准齿轮在标准安装的情况下，两齿轮分度圆的相对位置应该是____。

A. 相交的　　　B. 相切的　　　C. 分离的　　　D. 不确定

(7) 渐开线直齿圆柱齿轮中，齿距 p、法向齿距 p_n、基节 p_b 三者之间的关系为______。

A. $p_b = p_n < p$　　　B. $p_b < p_n < p$　　　C. $p_b > p_n > p$　　　D. $p_b > p_n = p$

(8) 齿轮传动时，若发现重合度小于1，则修改设计的措施应是__________。

A. 加大模数　　　B. 增大齿数　　　C. 减小模数　　　D. 改用短齿制

(9) 重合度 $\varepsilon_\alpha = 1.3$，表示实际啮合线上有________长度属于双齿啮合区。

A. $0.3p_b$　　　B. $0.7p_b$　　　C. $0.6p_b$　　　D. p_b

(10) 蜗杆传动，其传动比 i_{12} 为________。

A. d_2/d_1　　　B. z_2/z_1　　　C. z_2/q

(11) 轴交角 $\Sigma = 90°$ 的蜗杆蜗轮要能正确啮合，蜗杆蜗轮必须________。

A. 导程角相等　　　B. 轮齿旋向相反　　　C. 螺旋角相等　　　D. 轮齿旋向相同

5-3　下图所示渐开线的基圆半径为 $r_b = 50\text{mm}$，试求：

(1) 渐开线在向径 $r_K = 70\text{mm}$ 的点 K 处的曲率半径 ρ_K、压力角 α_K 及展角 θ_K。

(2) 渐开线在展角 $\theta_K = 12°$ 时的压力角 α_K 及向径 r_K。

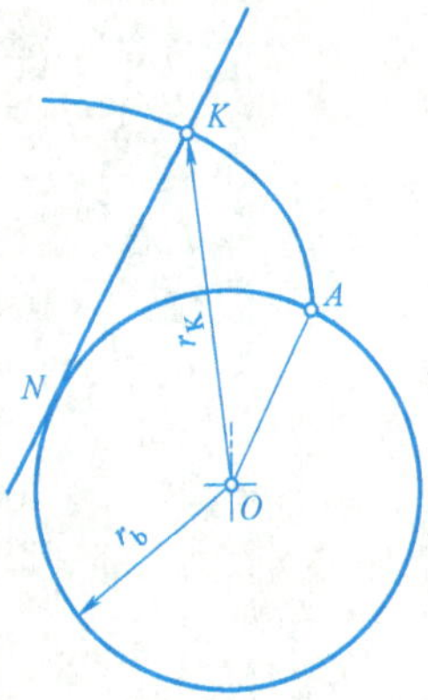

班级		成绩	
姓名		任课教师	
学号		批改日期	

5-4　当 $\alpha=20°$、$m\geqslant1$ 的正常齿渐开线标准齿轮的齿根圆和基圆相重合时，其齿数为多少？又若齿数大于求出的数值，则基圆和齿根圆哪一个大？

5-5　已知一对渐开线直齿圆柱标准齿轮传动，其模数 $m=4\text{mm}$，$i_{12}=1.5$，$\alpha=20°$，$h_a^*=1$，$c^*=0.25$。

（1）在标准安装时，中心距 $a=100\text{mm}$，试求：齿数 z_1、z_2；分度圆半径 r_1、r_2；齿顶圆半径 r_{a1}、r_{a2}；齿根圆半径 r_{f1}、r_{f2}；节圆半径 r_1'、r_2'；啮合角 α'和顶隙 c。

（2）若将该齿轮传动中心距改为 $a'=102\text{mm}$ 时，上述尺寸哪些有变化？如有变化求出其数值。

班级		成绩	
姓名		任课教师	
学号		批改日期	

5-6 下图所示为一对渐开线齿廓 G_1、G_2 啮合于 K 点，试在图上作出

（1）齿轮 1 为主动时，两齿轮的转动方向。

（2）节点 P，节圆 r_1'、r_2'，基圆 r_{b1}、r_{b2}，啮合角 α'。

（3）啮合极限点 N_1、N_2 和实际啮合线段 $\overline{B_1B_2}$。

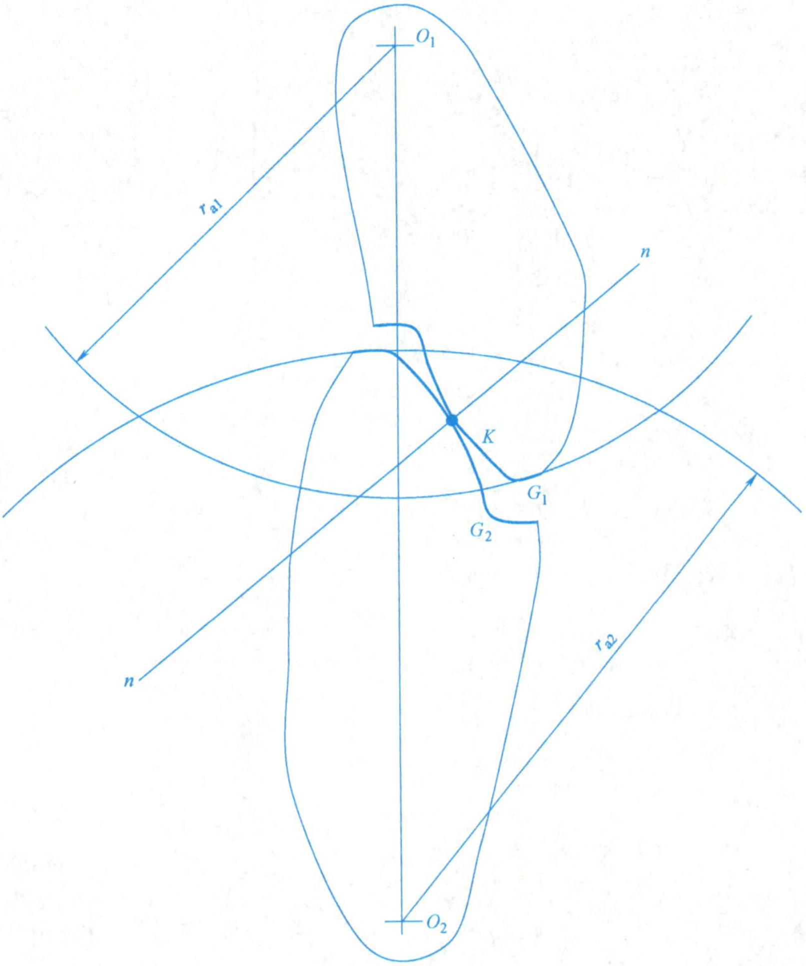

班级		成绩	
姓名		任课教师	
学号		批改日期	

5-7　一对正常齿渐开线外啮合直齿圆柱齿轮机构，已知 $\alpha=20°$，$m=5\text{mm}$，$z_1=19$，$z_2=42$，要求

（1）计算两轮的几何尺寸 r、r_b、r_a 和标准中心距 a，以及实际啮合线段$\overline{B_1B_2}$的长度和重合度 ε_α。

（2）用长度比例尺 $\mu_l=1\text{mm/mm}$ 画出 r、r_b、r_a，理论啮合线$\overline{N_1N_2}$，在其上标出实际啮合线$\overline{B_1B_2}$，并标出单齿啮合区和双齿啮合区。

班级		成绩	
姓名		任课教师	
学号		批改日期	

5-8　若将题5-7的中心距加大，直至刚好连续传动，试求

(1) 啮合角 α' 和中心距 a'。

(2) 节圆半径 r_1' 和 r_2'。

(3) 在节点啮合时两轮齿廓的曲率半径 ρ_1' 和 ρ_2'。

(4) 顶隙 c'。

5-9　有三个正常齿制的标准齿轮，其参数如下表。试问：这三个齿轮的齿形有何不同(主要考虑 r_b、s、h)？它们可以用同一把成形铣刀加工吗？可以用同一把滚刀加工吗？列表分析比较。

齿轮编号	α	m	z
1	20°	2	20
2	20°	2	50
3	20°	5	20

班级		成绩	
姓名		任课教师	
学号		批改日期	

5-10 渐开线直齿圆柱标准齿轮 1 与标准齿条 2 作无齿侧间隙的啮合传动。如齿条为主动件，运动方向如图所示。现要求

（1）画出齿轮 1 的分度圆和节圆，并标出其半径 r_1 和 r_1'。

（2）标出理论啮合线 N_1N_2、起始啮合点 B_1、终止啮合点 B_2。

（3）画出啮合角 α'。

（4）若齿条 2 为刀具，用展成法加工齿轮 1 时是否会发生根切现象？为什么？

（5）根据图上所量得的长度，计算该齿条齿轮传动的重合度 ε_α（比例尺 μ_l =0.001m/mm）。

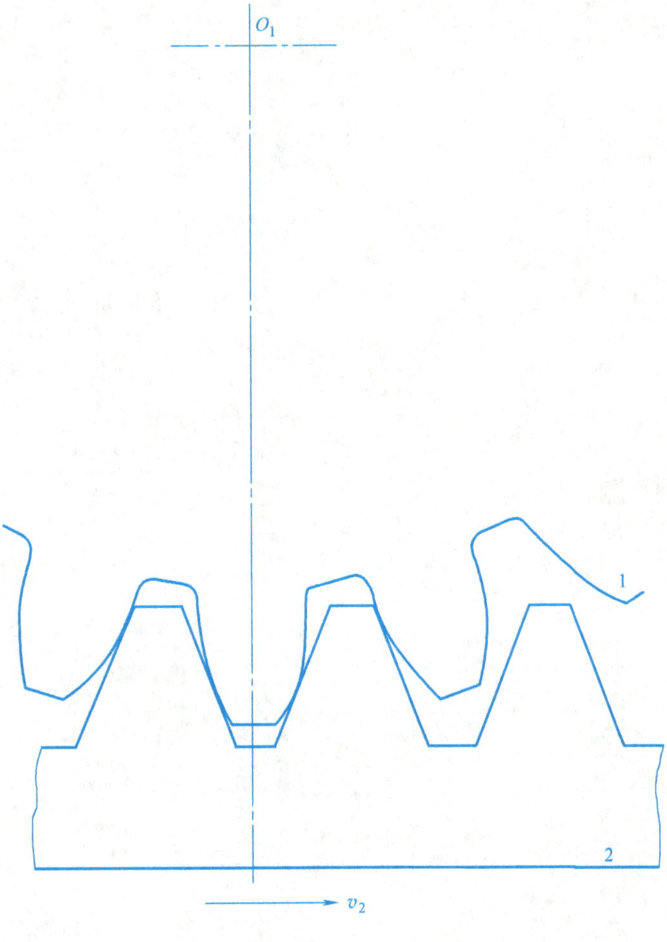

班级		成绩	
姓名		任课教师	
学号		批改日期	

5-11　已知一对渐开线正常齿制圆柱齿轮传动，$z_1=15$，$z_2=53$，$m=2\text{mm}$，$\alpha=\alpha_n=20°$，$a'=70\text{mm}$。

(1) 若采用直齿轮传动，试确定该对齿轮的传动类型。

(2) 若采用标准斜齿轮传动，试求

1）螺旋角 β。

2）齿轮 1 的分度圆直径 d_1、齿顶圆直径 d_{a1} 及齿根圆直径 d_{f1}。

3）齿轮 1 的当量齿数 z_{v1}。当用展成法加工齿轮 1 时，是否会产生根切？

4）若已知该对斜齿圆柱齿轮的齿宽 $b=30\text{mm}$，计算该对齿轮的重合度 ε_γ。

班级		成绩	
姓名		任课教师	
学号		批改日期	

5-12　在下图所示的各蜗杆传动中，蜗杆均为主动，试确定蜗杆、蜗轮的转向或螺旋线的方向。

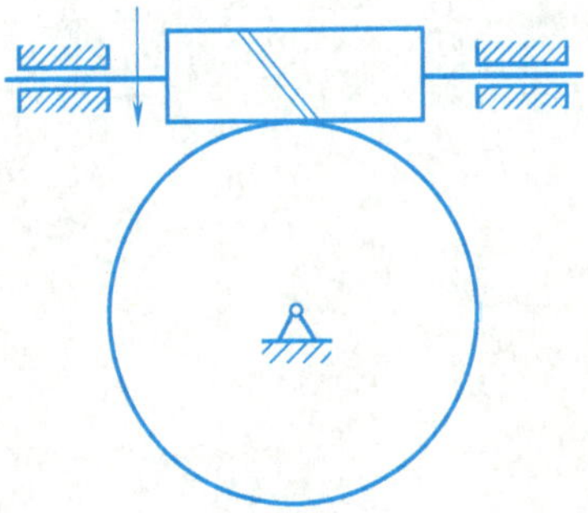

a) 蜗轮为____旋
蜗轮转向为____时针

b) 蜗杆____旋
蜗轮____旋

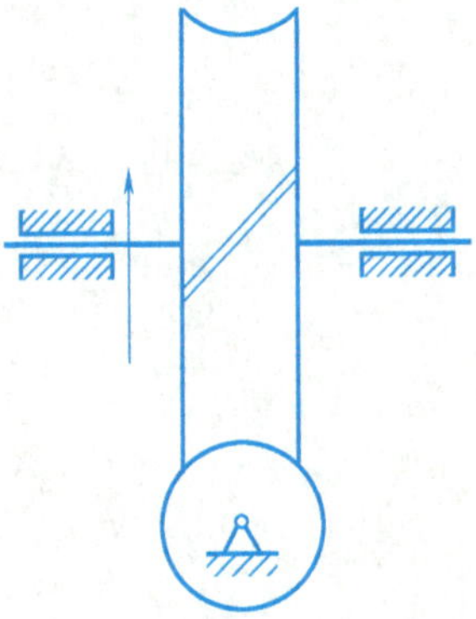

c) 蜗杆为____旋
蜗杆转向为____时针

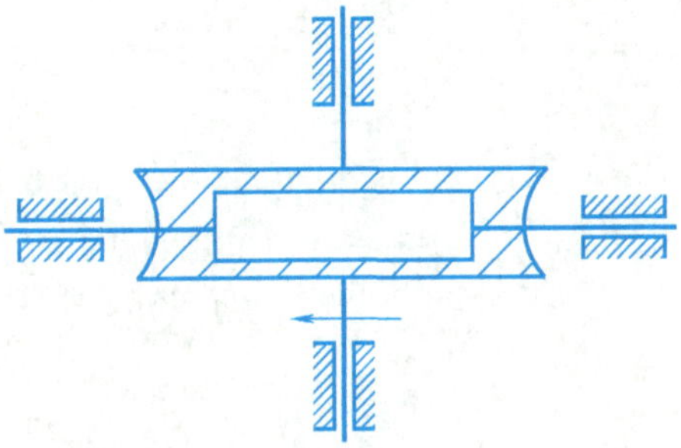

d) 蜗杆为____旋
蜗杆转向标在图上

5-13　已知一阿基米德标准蜗杆蜗轮机构，其参数为 $\Sigma=90°$、$z_1=1$、$m=5\text{mm}$、$d_1=50\text{mm}$、$i_{12}=35$。试求

（1）蜗轮的分度圆直径 d_2。

（2）蜗轮的齿顶圆直径 d_{a2} 及齿根圆直径 d_{f2}。

（3）蜗轮的螺旋角 β_2。

（4）中心距 a。

班级		成绩	
姓名		任课教师	
学号		批改日期	

5-14　已知一对等顶隙直齿锥齿轮，$z_1=15$，$z_2=30$，$m=5\text{mm}$，$h_a^*=1$，$c^*=0.2$，$\Sigma=90°$，试确定这对锥齿轮的几何尺寸。

将各参数名称、几何尺寸计算式及其结果填入下表，并将各部分尺寸标注在下图上。

名称	小　齿　轮	大　齿　轮
	$\delta_1=$	$\delta_2=$
	$d_1=$	$d_2=$
	$d_{a1}=$	$d_{a2}=$
	$d_{f1}=$	$d_{f2}=$
	$h_{a1}=$	$h_{a2}=$
	$h_{f1}=$	$h_{f2}=$
	$c=$	
	$s=$	$,e=$
	$R=$	$,b=$
	$\theta_a=$	$,\theta_f=$
	$\delta_{a1}=$	$\delta_{a2}=$
	$\delta_{f1}=$	$\delta_{f2}=$
	$z_{v1}=$	$z_{v2}=$

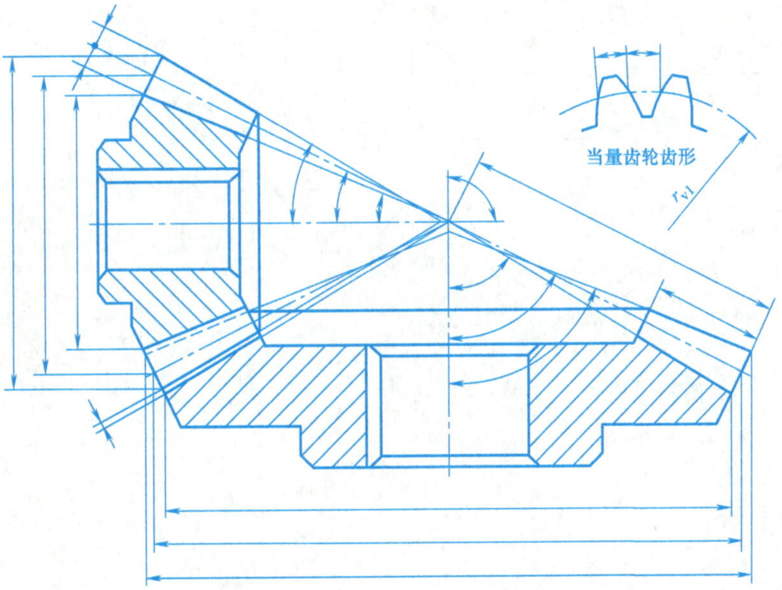

班级		成绩	
姓名		任课教师	
学号		批改日期	

第六章　齿轮系及其设计

6-1　在下图所示的钟表传动示意图中，发条盘 K 驱动齿轮 1 转动，S、M 及 H 分别为秒针、分针和时针。已知 $z_1=72$，$z_2=12$，$z_3=64$，$z_4=8$，$z_5=60$，$z_6=8$，$z_7=60$，$z_8=6$，$z_9=8$，$z_{10}=24$，$z_{11}=6$，$z_{12}=24$，求秒针与分针的传动比 i_{SM} 及分针与时针的传动比 i_{MH}。

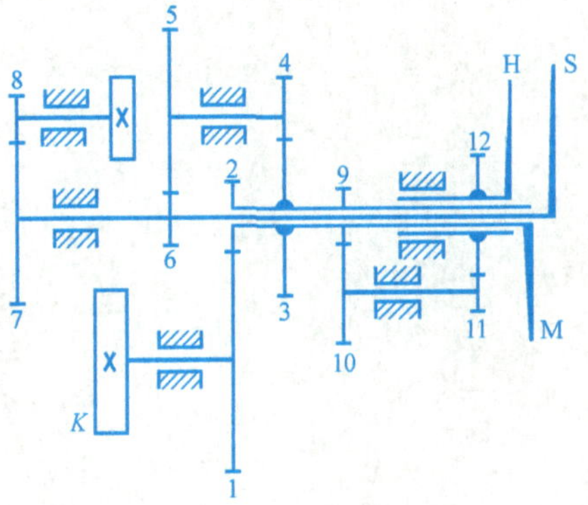

6-2　下图所示为一滚齿机工作台传动机构，工作台（未画出）与蜗轮 9 固连。若已知 $z_1=z_3=15$，$z_4=35$，$z_8=1$，$z_9=40$，$z_2=28$，$z_A=1$，今要切制一个齿数 $z_B=64$ 的轮坯，应如何选配交换齿轮组的齿数 z_5、z_6 和 z_7，同时确定滚刀 A 的螺旋方向。

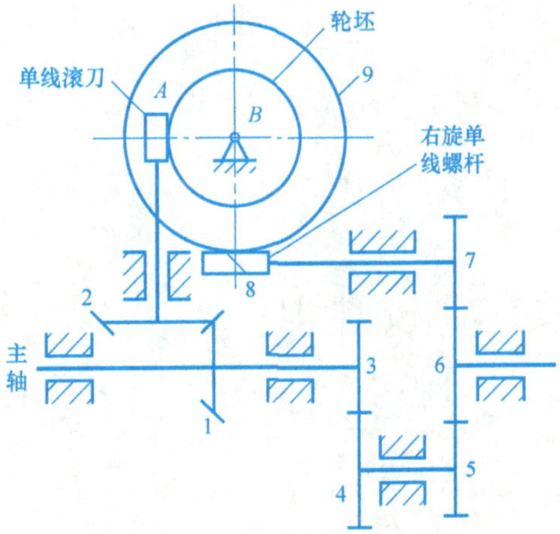

班级		成绩	
姓名		任课教师	
学号		批改日期	

6-3　在下图所示的轮系中，已知 $z_1=15$，$z_2=25$，$z_{2'}=15$，$z_3=54$，$z_{3'}=15$，$z_4=20$，$z_5=1$（左旋），$z_6=40$，$z_7=18$（$m_7=4\text{mm}$）。若 $n_1=1000\text{r/min}$，求齿条 8 的线速度 v_8 的大小和方向。

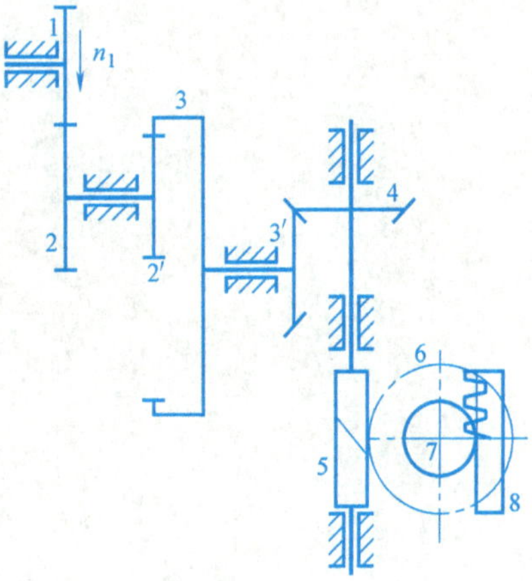

6-4　在下图所示的手动葫芦中，S 为手动链轮，H 为起重链轮。已知 $z_1=12$，$z_2=28$，$z_{2'}=14$，$z_3=54$，求传动比 i_{SH}。

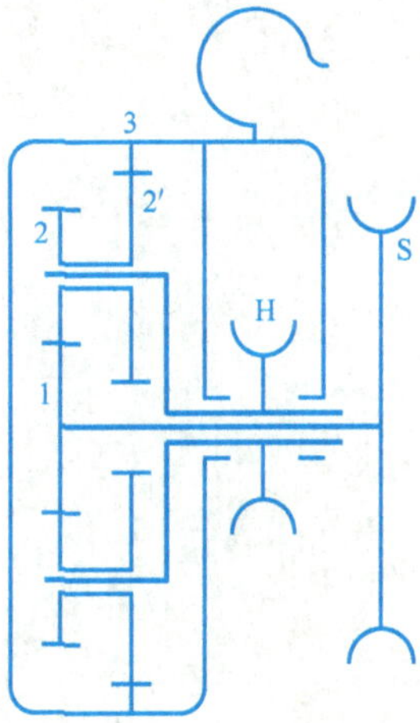

班级		成绩	
姓名		任课教师	
学号		批改日期	

6-5　在下图所示电动回转台的传动机构中，已知 $z_2=15$，电动机 M 的转速 $n_M=12\text{r/min}$，回转台 H 的转速 $n_H=-1.5\text{r/min}$，求齿轮 1 的齿数（提示：$n_M=n_2-n_H$）。

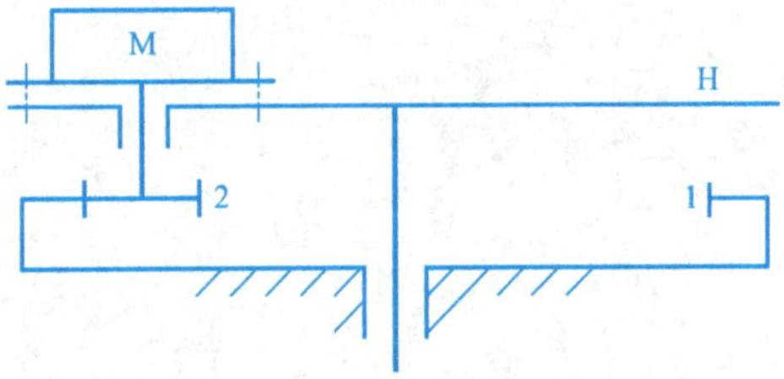

6-6　在下图所示的自行车里程表机构中，C 为车轮轴，各轮的齿数为：$z_1=17$，$z_3=23$，$z_4=19$，$z_{4'}=20$，$z_5=24$。设轮胎受压变形后使 28in（1in = 25.4mm）的车轮有效直径约为 0.7m，当车行 1km 时，表上的指针 P 刚好回转一周，求齿轮 2 的齿数 z_2。

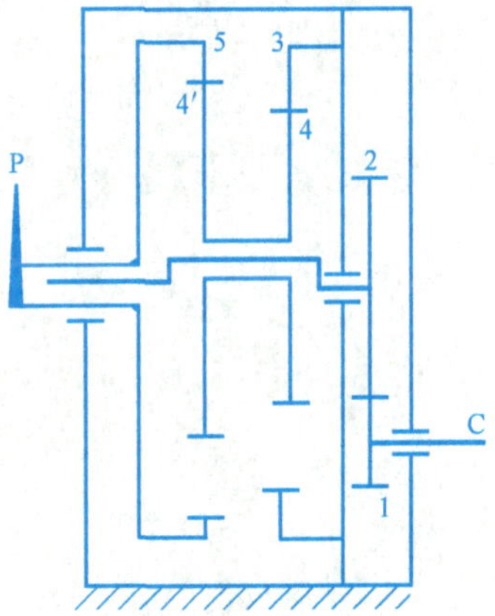

班级		成绩	
姓名		任课教师	
学号		批改日期	

6-7 下图所示的轮系中，$z_1=z_3=25$，$z_5=100$，$z_2=z_4=z_6=20$。试区分哪些构件组成定轴轮系？哪些构件组成周转轮系？哪个构件是系杆 H？求该轮系的传动比 i_{16}。

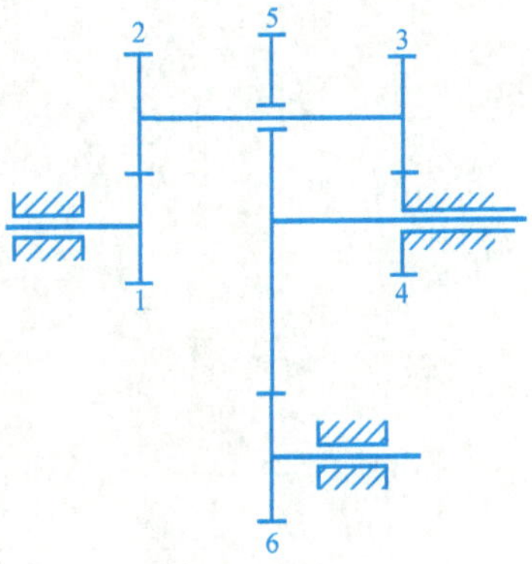

6-8 在下图所示的轮系中，已知 $z_1=12$，$z_2=24$，$z_3=14$，$z_4=42$，$z_5=20$，$z_6=40$，$z_7=1$，$z_8=30$，$n_3=360\text{r/min}$，方向如图。

（1）若 $n_1=360\text{r/min}$，按图示方向转动，试确定 n_8 的大小和方向。

（2）若 n_1 按图示相反方向回转（n_3 方向不变），试确定 n_8 的大小和方向。

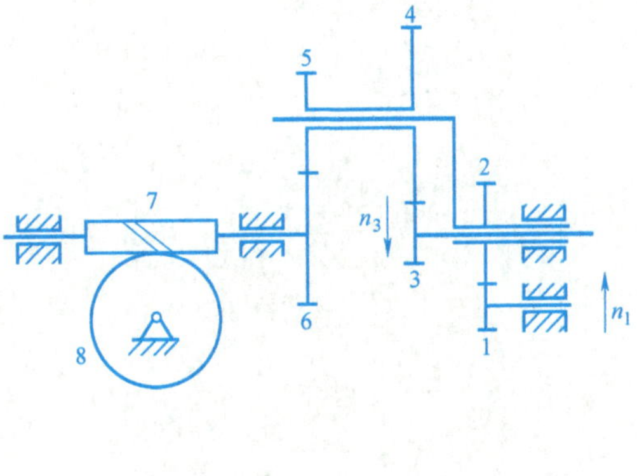

班级		成绩	
姓名		任课教师	
学号		批改日期	

6-9　在下图所示的轮系中，已知各轮的齿数：$z_1=z_3=40$，$z_{1'}=z_2=z_{2'}=z_4=20$，$z_{3'}=60$，齿轮 1 的转速 $n_1=800\text{r/min}$，方向如图，试求 n_H 的大小和方向（方向标在图上）。

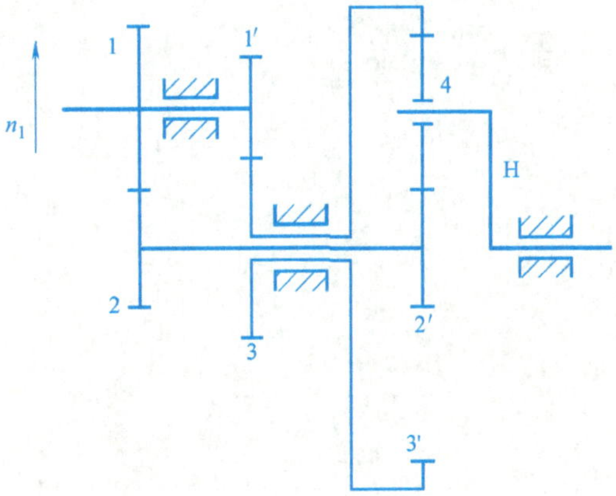

6-10　在下图所示的轮系中，左、右两侧齿轮 L、R 的转速分别为 $n_L=900\text{r/min}$，$n_R=600\text{r/min}$。已知各轮齿数 $z_R=z_L=25$，$z_{1'}=z_{3'}=75$，$z_1=z_3=35$，试求下列情况下指针 A 转速 n_A 的大小和方向。

（1）n_R 与 n_L 转向相反时（实线所示）。

（2）n_R 与 n_L 转向相同时（虚线所示）。

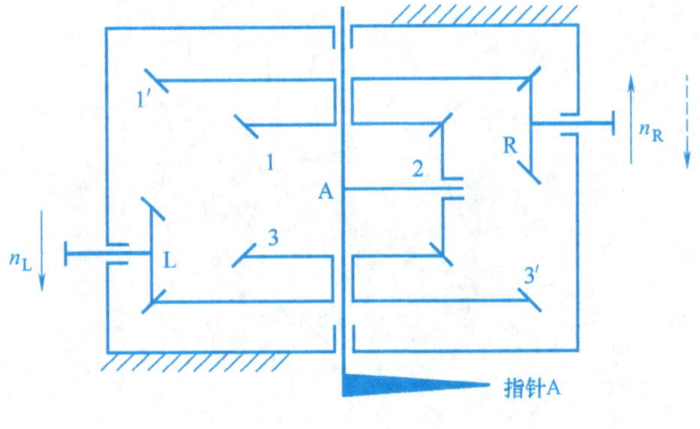

班级		成绩	
姓名		任课教师	
学号		批改日期	

6-11　在下图所示的双级行星齿轮减速器中，各齿轮的齿数为：$z_1=z_6=20$，$z_3=z_4=40$，$z_2=z_5=10$，试求

（1）当固定齿轮 4 时，传动比 i_{1H}。

（2）当固定齿轮 3 时，传动比 i_{1H}。

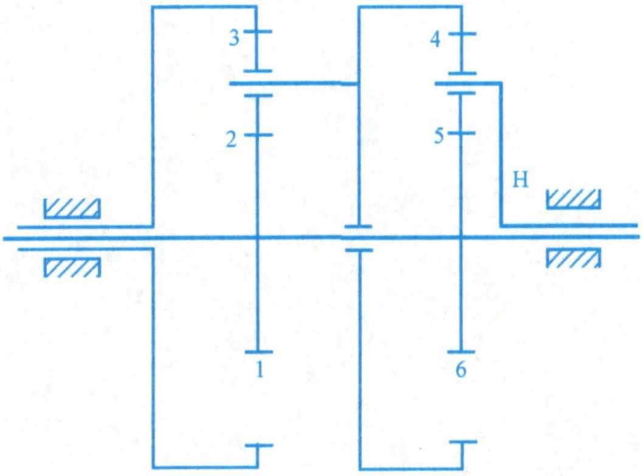

6-12　在下图所示的轮系中，已知 $z_1=z_3=20$，$z_2=30$，$z_{2'}=z_{3'}=10$，$z_4=z_{4'}=40$，$z_5=1$（右旋），$n_1=300\text{r/min}$，$n_5=100\text{r/min}$，转向如图，求 n_H 的大小和方向（在图中标出）。

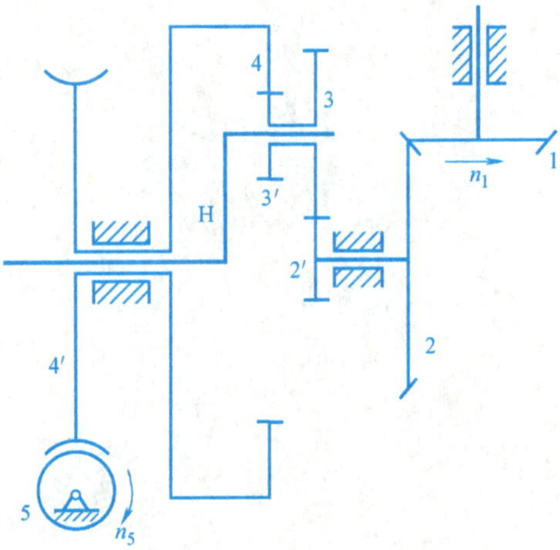

班级		成绩	
姓名		任课教师	
学号		批改日期	

6-13　在下图所示的轮系中，已知各轮齿数为：$z_1=z_2=z_3=z_4=20$，$z_{2'}=z_{3'}=40$，$z_5=z_9=60$，$z_6=z_7=30$，$z_{6'}=z_8=15$，试求轮系的传动比 i_{1H}。

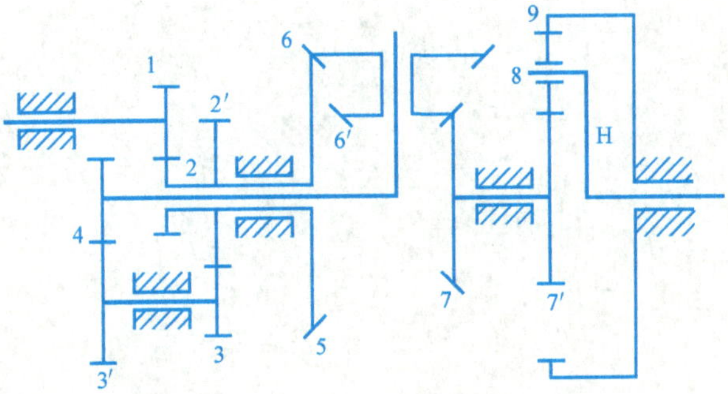

班级		成绩	
姓名		任课教师	
学号		批改日期	

第七章　其他常用机构

7-1　选择题

(1) 棘轮的标准模数等于棘轮的________直径与齿数之比。

A. 分度圆　　B. 齿顶圆　　C. 齿根圆　　D. 基圆

(2) 在单向间歇运动机构中，棘轮机构常用于________。

A. 低速轻载　　B. 高速轻载　　C. 低速重载　　D. 高速重载

(3) 在棘轮机构中，为使棘爪能顺利滑入棘轮齿根，棘轮的齿面角 α 与棘爪、棘轮齿面间的摩擦角 φ 的关系为________。

A. $\alpha > \varphi$　　B. $\alpha < \varphi$　　C. $\alpha = \varphi$　　D. 不确定

(4) 对于单销外槽轮机构，槽轮的运动时间总是________静止时间。

A. 等于　　B. 大于　　C. 小于　　D. 不确定

(5) 在一个运动循环中，槽轮的运动系数为________。

A. 槽轮的运动时间和停歇时间之比　　B. 槽轮的转角和主动拨盘的转角之比

C. 槽轮的运动时间和主动拨盘的运动时间之比

7-2　填空题

(1) 棘轮机构由________、________、________和________组成。

(2) 齿式棘轮机构止动棘爪的作用是________________________________。

(3) 槽轮机构运动系数的取值范围为________________。

(4) 槽轮机构由________、________和________组成。

(5) 欲将一匀速回转运动转变成单向间歇回转运动，可采用的机构有____________、____________、____________等，其中间歇时间可调的机构是____________机构。

7-3　棘轮每次转过的角度可以通过哪几种方法来调节？

7-4　为什么不完全齿轮机构主动轮的首、末两轮齿的齿顶高应降低？

班级		成绩	
姓名		任课教师	
学号		批改日期	

7-5　在转塔车床外接槽轮机构中，已知槽轮的槽数 $z=6$，槽轮静止时间 $t_j=5/6\text{s/r}$，运动时间是静止时间的两倍，试求

（1）槽轮机构的运动系数 k。

（2）所需的圆销数 n。

7-6　设计一槽轮机构，要求槽轮的运动时间等于静止时间，试选择槽轮的槽数 z 和拨盘的圆销数 n。

7-7　已知槽轮的槽数 $z=6$，拨盘的拨销数 $n=1$，转速 $n_1=6\text{r/min}$，求槽轮的运动时间 t_d 和静止时间 t_j。

班级		成绩	
姓名		任课教师	
学号		批改日期	

第八章　机械的调速与平衡

8-1　选择题

(1) 在机械系统的启动阶段，系统的动能________。

A. 减少，并且输入功大于输出功和损失功之和

B. 增加，并且输入功小于输出功和损失功之和

C. 增加，并且输入功大于输出功和损失功之和

D. 不变，并且输入功等于0

(2) 在建立等效动力学模型时，等效力（或力矩）的计算，是按照等效力（或力矩）与原系统中所有外力（或力矩）________的原则确定的。

A. 之和相等　　B. 动能相等　　C. 产生的瞬时功率相等

(3) 为了减小机械运转中周期性速度波动的程度，应在机械中安装________。

A. 调速器　　B. 飞轮　　C. 变速装置

(4) 在机械系统速度波动一个周期中的某一时段内，当系统出现盈功时，系统的运动速度________。

A. 加快，此时飞轮将释放能量　　B. 加快，此时飞轮将储存能量

C. 减慢，此时飞轮将释放能量　　D. 减慢，此时飞轮将储存能量

(5) 周期性速度波动的机械系统中，在一个周期内输入功和输出功________相等。

A. 一定　　B. 不一定　　C. 一定不

(6) 功能增量指示图上的最大盈亏功是________之间的垂直距离。

A. 最高线与基准线　　B. 最低线与基准线　　C. 最高线与最低线

(7) 对于轴向尺寸较小的盘状转子，若有偏心质量时应进行________计算。对于轴向尺寸较大的盘状转子，则应进行________计算。

A. 动平衡　　B. 静平衡

(8) 在下图所示的两根曲轴中，若曲轴的偏心质径积均相等，则____是动平衡的。

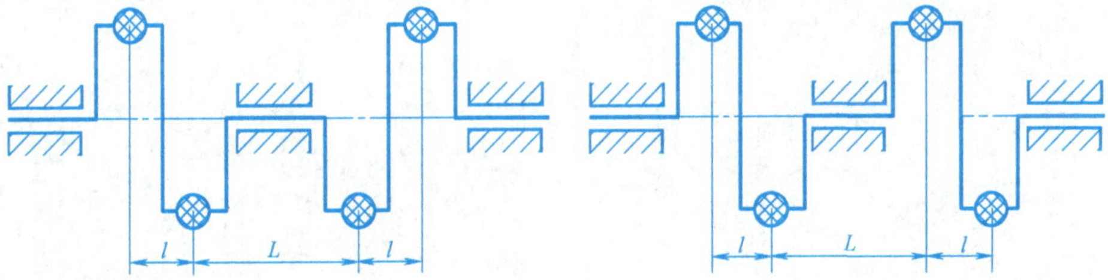

a)　　b)

A. 图 a　　B. 图 b　　C. 图 a 和图 b　　D. 图 a 和图 b 都不

8-2　填空题

(1) 正常运转的机械从开始运转到停止运转的整个过程中，一般可以分为__________、__________和______________三个时期。

(2) 调节周期性速度波动的常用方法是在机械中加上一个________很大的回转件，即飞轮。飞轮在机械中的作用实际上相当于一个________。

班级		成绩	
姓名		任课教师	
学号		批改日期	

(3) 最大盈亏功 ΔW_{max} 为机械中____________之差。一般可以根据____________________来确定。

(4) 质量分布不在同一回转面内的刚性转子，至少在____________内分别加上适当的平衡质量，才能达到完全平衡。因此动平衡又叫______________。

(5) 刚性转子的静平衡条件是______________________________________。

(6) 刚性转子的动平衡条件是______________________________________。

(7) 动平衡转子______________是静平衡的，但静平衡转子____________是动平衡的。

8-3 为什么机械系统中会出现速度波动？如果速度波动过大，会产生什么后果？

8-4 什么是机械的运转不均匀系数？[δ] 是否选得越小越好？

8-5 某机械的等效驱动力矩 M_d 和等效阻力矩 M_r 曲线如下图所示，试问该机械能否作周期性稳定运转，为什么？

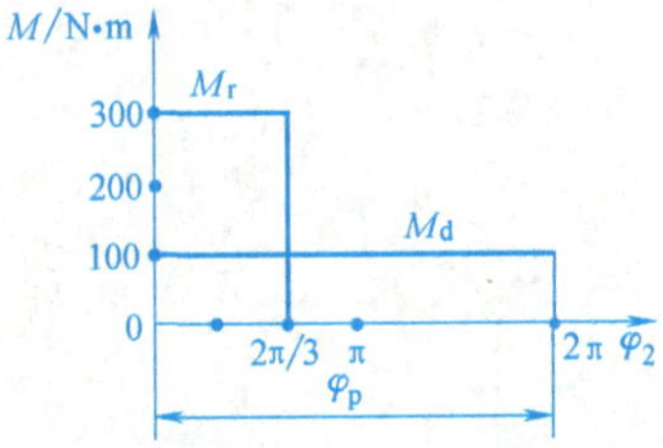

8-6 在下图所示的轮系中，已知各齿轮齿数为 $z_1=z_{2'}=20$，$z_2=z_3=40$，各齿轮的转动惯量为 $J_1=J_{2'}=0.016\text{kg}\cdot\text{m}^2$，$J_2=J_3=0.048\text{kg}\cdot\text{m}^2$，作用在轴 O_1 上的驱动力矩 $M_d=20\text{N}\cdot\text{m}$，作用在轴 O_3 上的阻力矩 $M_r=40\text{N}\cdot\text{m}$。当取齿轮 1 为等效构件时，试求

(1) 等效转动惯量 J_e。

(2) 等效力矩 M_e。

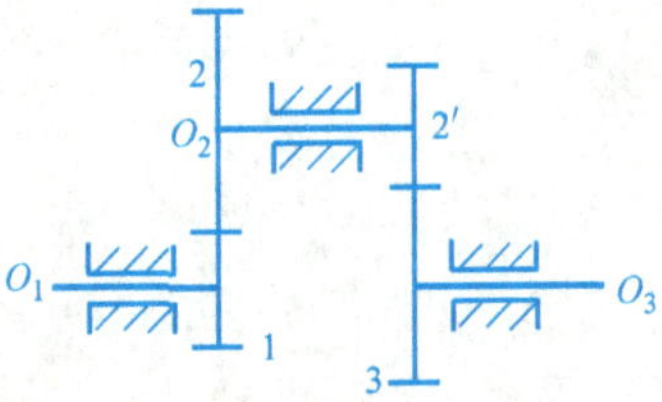

班级		成绩	
姓名		任课教师	
学号		批改日期	

8-7　下图所示为某机械系统的等效驱动力矩 M_{ed} 及等效阻力力矩 M_{er} 对转角 φ 的变化曲线，φ_P 为其变化的周期。设已知各块面积为 $A_{ab}=200mm^2$、$A_{bc}=260mm^2$、$A_{cd}=100mm^2$、$A_{de}=190mm^2$、$A_{ef}=320mm^2$、$A_{fg}=220mm^2$、$A_{ga}=50mm^2$，而单位面积所代表的功为 $\mu_A=10(N\cdot m)/mm^2$，试求该系统的最大盈亏功 ΔW_{max}。又设已知其等效构件的平均转速为 $n_m=960r/min$，等效转动惯量为 $J_e=10kg\cdot m^2$，试求该系统的最大转速 n_{max} 及最小转速 n_{min}，并指出最大转速及最小转速出现的位置。

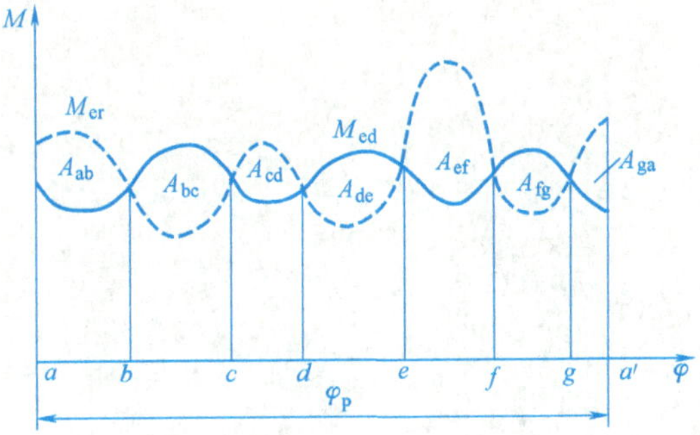

8-8　某内燃机的曲柄输出力矩 M_d 随曲柄转角 φ 的变化曲线如下图所示，其运动周期 $\varphi_P=\pi$，曲柄的平均转速 $n_m=500r/min$，当用该内燃机驱动一个阻力矩 $M_r=C$（常数）的机械时，如果要求运转不均匀系数 $\delta=0.01$，试求

（1）曲柄最大转速 n_{max}。

（2）装在曲柄轴上的飞轮转动惯量 J_F（不计其余构件的重量和转动惯量）。

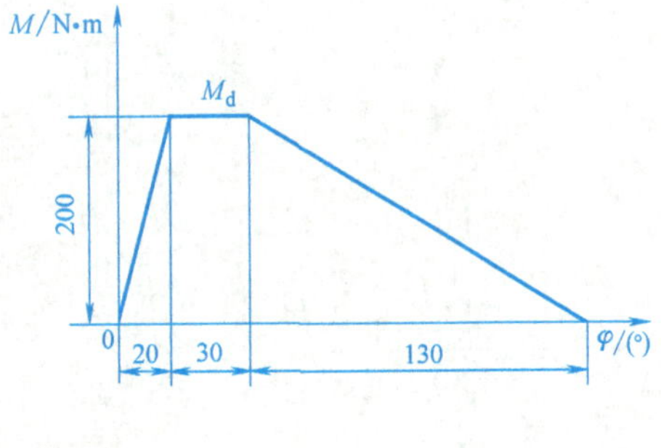

班级		成绩	
姓名		任课教师	
学号		批改日期	

8-9　下图所示的盘形回转件上存在三个偏置质量，已知 $m_1=10\text{kg}$，$m_2=15\text{kg}$，$m_3=10\text{kg}$，$r_1=50\text{mm}$，$r_2=100\text{mm}$，$r_3=120\text{mm}$。设所有不平衡质量分布在同一回转平面内，问应在什么方位上加多大的平衡质径积，该回转件才能达到平衡？

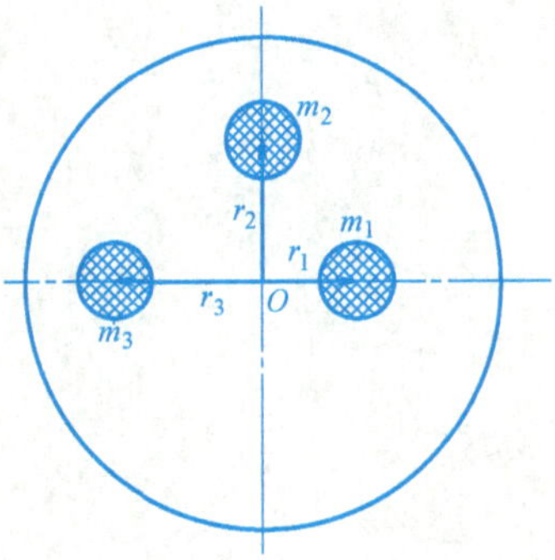

8-10　在下图所示的曲轴中，已知两个不平衡质量 $m_1=m_2=m$，$r_1=r_2=r$，位置如图。试判断该轴是否静平衡？是否动平衡？若不平衡，试求下列两种情况下，在两个平衡基面Ⅰ、Ⅱ上需加的平衡质径积 $m_{b\text{I}}r_{b\text{I}}$ 和 $m_{b\text{II}}r_{b\text{II}}$ 的大小和方位。

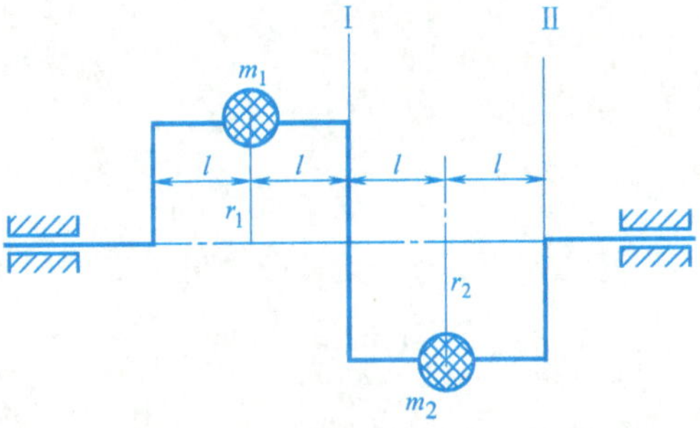

a)

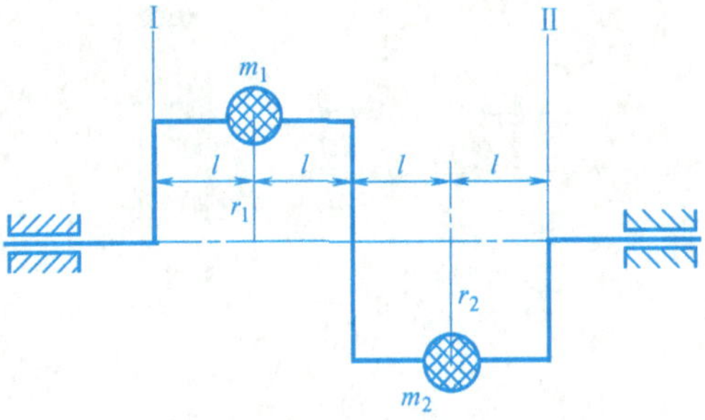

b)

班级		成绩	
姓名		任课教师	
学号		批改日期	

第九章　机械零件设计概论

9-1　选择题

(1) 下列四种叙述，________是正确的。

A. 变应力只能由变载荷产生　　B. 静载荷只能产生静应力

C. 变应力只能由静载荷产生　　D. 变载荷和静载荷都可以产生变应力

(2) 机械零件可能产生疲劳断裂时，应按照________准则计算；可能出现过大的弹性变形时，应按照________准则计算。

A. 刚度　　B. 耐磨性　　C. 强度　　D. 热平衡

(3) 我国国家标准代号是________，国际标准化组织的标准代号是________。

A. ZB　　B. GB　　C. JB　　D. YB　　E. ISO

(4) 零件的截面形状一定，当截面尺寸增大时，其疲劳极限值将随之________。

A. 增加　　B. 不变　　C. 降低　　D. 不确定

(5) 在载荷和几何尺寸相同的情况下，钢制零件间的接触应力____铸铁零件间的接触应力。

A. 大于　　B. 等于　　C. 小于　　D. 小于或等于

(6) 两零件的材料和几何尺寸都不相同，以曲面接触受载时，两者的接触应力值________。

A. 相等　　B. 不相等　　C. 与材料和几何尺寸有关　　D. 与材料的硬度有关

(7) 循环特性 $r=-1$ 的变应力是________应力。

A. 对称循环变　　B. 脉动循环变　　C. 非对称循环变　　D. 静

9-2　填空题

(1) 判断机械零件强度的两种方法是____________及____________。其相应的强度条件式分别为__________________及__________________。

(2) 在变应力作用下，机械零件的强度失效是________________。这种损坏的断面包括______及____________两部分。

(3) 机械零件受载荷作用时，在__________________处产生应力集中，应力集中的程度通常随材料强度的增大而__________。

(4) 稳定循环变应力的三种基本形式是______、______和________循环变应力。

(5) 当一零件受脉动循环变应力时，其平均应力与最大应力的关系应为____________。

(6) 在静强度条件下，塑性材料的极限应力是________，脆性材料的极限应力是__________。在脉动循环变应力作用下，塑性材料的极限应力为__________。

(7) 影响机械零件疲劳极限的主要因素有________、________、________。

(8) 机械零件的磨损过程分为____________、____________和__________三个阶段。

(9) 根据摩擦面间存在润滑剂的情况，滑动摩擦可以分为____________、____________、____________、________________。

9-3　零件的计算应力、极限应力和许用应力有什么不同？它们之间有何关系？

班级		成绩	
姓名		任课教师	
学号		批改日期	

9-4　机械零件主要有哪些失效形式？常用的计算准则主要有哪些？

9-5　下图所示各零件均受静载荷的作用，试判断零件上 A 点的应力是静应力还是变应力，并确定循环特性 r 的大小或范围。

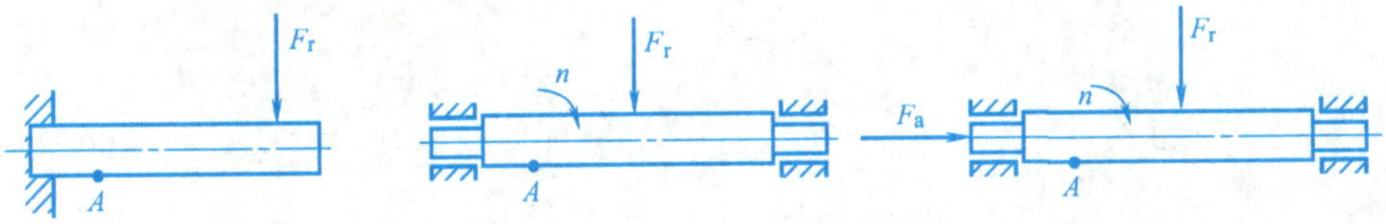

a)　　b)　　c)

9-6　根据零件的断裂面，如何识别该零件是疲劳断裂还是静载断裂？

9-7　已知一转轴所受的工作应力变化曲线如下图所示，试计算该轴的平均应力 σ_m、应力幅 σ_a 和循环特性 r。

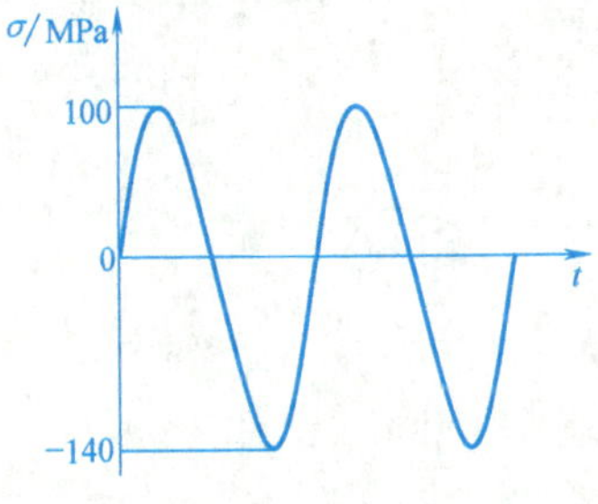

班级		成绩	
姓名		任课教师	
学号		批改日期	

第十章　连　　接

10-1　选择题

(1) 用于薄壁零件连接的螺纹，应采用______。

A. 三角形粗牙螺纹　B. 三角形细牙螺纹　C. 梯形螺纹　D. 锯齿形螺纹

(2) 当两个被连接件不太厚时，往往采用______。

A. 双头螺柱连接　B. 螺栓连接　C. 螺钉连接　D. 紧定螺钉连接

(3) 在常用的螺纹连接中，自锁性能最好的螺纹是________，在常用的螺旋传动中，传动效率最高的螺纹是________。

A. 三角形螺纹　B. 梯形螺纹　C. 锯齿形螺纹　D. 矩形螺纹

(4) 在承受横向工作载荷或旋转力矩的普通紧螺栓连接中，螺栓杆______作用。

A. 受切应力　B. 受拉应力　C. 受拉应力和扭转切应力

D. 既可能只受切应力又可能只受拉应力

(5) 受横向工作载荷的普通紧螺栓连接中，螺栓所受的载荷为______；受横向工作载荷的铰制孔螺栓连接中，螺栓所受的载荷为______；受轴向工作载荷的普通松螺栓连接中，螺栓所受的载荷为______；受轴向工作载荷的普通紧螺栓连接中，螺栓所受的载荷为______。

A. 工作载荷　B. 预紧力　C. 工作载荷和预紧力

D. 工作载荷和剩余预紧力　E. 剩余预紧力

(6) 紧螺栓连接强度计算时将螺栓所受的轴向拉力乘以 1.3，是考虑______。

A. 安全可靠　B. 保证足够的预紧力　C. 防止松脱　D. 计入扭转切应力

(7) 有一气缸盖螺栓连接，若气缸内气体压力在 0～2MPa 之间变化，则螺栓中的应力变化规律为________。

A. 对称循环　B. 脉动循环　C. 非对称循环　D. 非稳定循环

(8) 螺栓连接螺纹牙间载荷分配不均是由于______。

A. 螺母太厚　B. 应力集中　C. 螺母和螺栓变形大小不同

D. 螺母和螺栓变形性质不同

(9) 采用凸台或沉头座作为螺栓头或螺母的支承面，是为了______。

A. 避免螺栓受弯曲应力　B. 便于放置垫圈

C. 减小预紧力　D. 减小挤压应力

(10) 设计键连接时，键的截面尺寸 $b \times h$ 通常根据________按标准选择；键的长度通常根据________按标准选择。

A. 所传递转矩的大小　B. 所传递功率的大小

C. 轮毂的长度　D. 轴的直径

(11) 当键连接强度不足时可采用双键。使用两个平键时要求两键______布置；使用两个半圆键时要求两键______布置；使用两个楔键时要求两键______布置；使用两个切向键时要求两键______布置。

A. 在同一直线上　B. 相隔 90°～120°　C. 相隔 180°　D. 相隔 120°～130°

班级		成绩	
姓名		任课教师	
学号		批改日期	

(12) 平键连接能传递的最大转矩 T，现要传递 $1.5T$ 的转矩，则应______。

A. 安装一对平键　　B. 使键宽 b 增大到 1.5 倍

C. 使键高 h 增大到 1.5 倍　　D. 使键长 L 增大到 1.5 倍

(13) 花键连接的主要缺点是______。

A. 应力集中　　B. 成本高　　C. 承载能力小　　D. 对中性及导向性差

10-2　填空题

(1) 螺旋副的自锁条件为________________。

(2) 普通螺纹的公称直径指的是螺纹的______径，计算螺纹的摩擦力矩时使用的是螺纹的________径，计算螺纹的危险截面时使用的是螺纹的________径。

(3) 连接螺纹必须满足__________条件，传动用螺纹的牙型斜角比连接用螺纹的牙型斜角________，这主要是为了____。

(4) 螺纹连接防松的实质在于____。

(5) 承受横向工作载荷时，普通螺栓连接的失效形式为______________、__________；铰制孔用螺栓连接的失效形式为__________________和______________________。

(6) 控制螺纹连接预紧力的方法有__________、____________、______________。

(7) 按用途平键分为__________、____________、____________、____________。其中__________、____________用于静连接，__________、______________用于动连接。

(8) 平键标记：GB/T 1096 键 C 16×10×100 中，C 表示__________，16×10×100 表示________________________。

(9) 普通平键连接的主要失效形式是____________，设计准则是______________；导向平键连接的主要失效形式是______________，设计准则是________________。

(10) 矩形花键连接采用__________定心；渐开线花键连接采用__________定心。

10-3　为什么单线普通三角螺纹主要用于连接？而多线梯形、矩形和锯齿形螺纹主要用于传动？

10-4　拧紧螺母与松退螺母时螺纹效率如何计算？哪些参数影响螺旋副的效率？

10-5　用于连接的螺纹都具有良好的自锁性，为什么有时还需要防松装置？具体的防松方法和装置各有哪些？

班级		成绩	
姓名		任课教师	
学号		批改日期	

10-6　在下图所示的螺栓连接结构中，进行预紧力计算时，螺栓的数目 z 和接合面的数目 m 应取多少？

10-7　试分析说明受轴向工作载荷 F 的螺栓连接，预紧力 F_0 一定时，改变螺栓或被连接件的刚度，对螺栓连接的静强度和连接的紧密性有何影响？

10-8　普通平键有哪些类型？它们的特点各是什么？

10-9　销有哪几种类型？各用于何种场合？

班级		成绩	
姓名		任课教师	
学号		批改日期	

10-10　一牵曳钩用两个 M10（d_1 = 8.376mm）的普通螺栓固定于机体上。已知接合面间摩擦因数 f = 0.15，可靠性系数 K_f = 1.2，螺栓材料强度级别为 4.6 级，装配时控制预紧力，试计算该螺栓组连接允许的最大牵曳力 F_{max}。

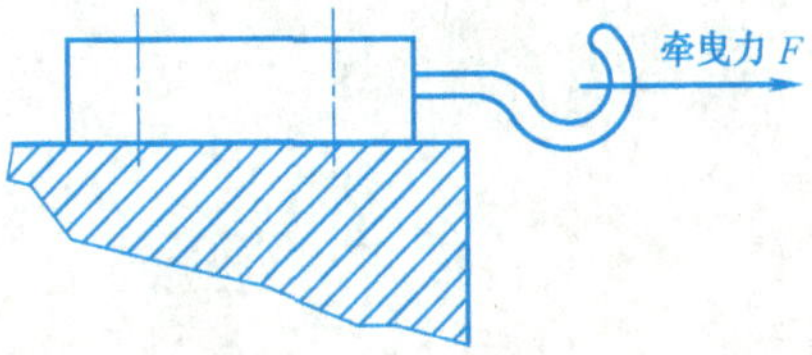

10-11　有一受预紧力 F_0 = 1000N 和轴向工作载荷 F = 1000N 作用的普通紧螺栓连接，已知螺栓的刚度 C_1 与被连接件的刚度 C_2 相等，试计算该螺栓连接所受的总拉力 F_1 和剩余预紧力 F_2。在预紧力 F_0 不变的条件下，若保证被连接件不出现缝隙，则该螺栓的最大轴向工作载荷 F_{max} 为多少？

班级		成绩	
姓名		任课教师	
学号		批改日期	

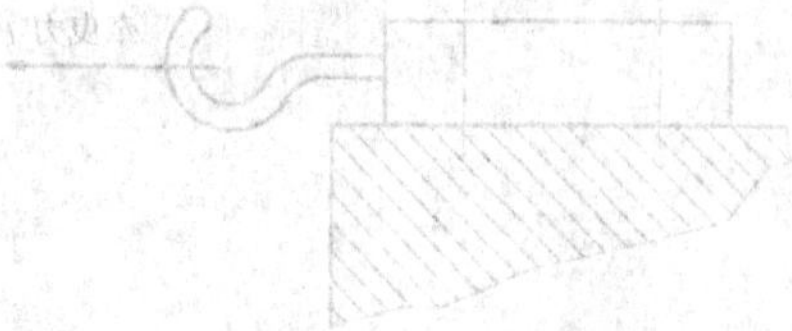

10-12　下图所示的工件（钢板）上作用载荷 $F=10000\mathrm{N}$，用两个性能等级为 4.8 级的普通螺栓连接，被连接件接合面之间的摩擦因数 $f=0.15$，可靠性系数 $K_f=1.2$，装配时控制预紧力，试确定该连接所需的螺栓直径。当采用铰制孔用螺栓连接时，所需的螺栓直径又为多大？最小挤压高度 h_{min} 为多少？

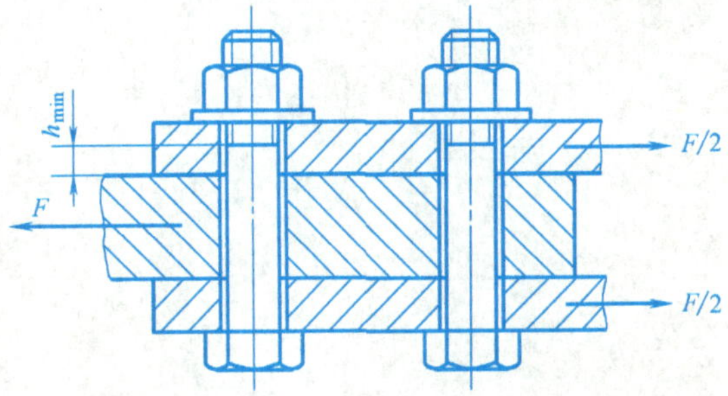

班级		成绩	
姓名		任课教师	
学号		批改日期	

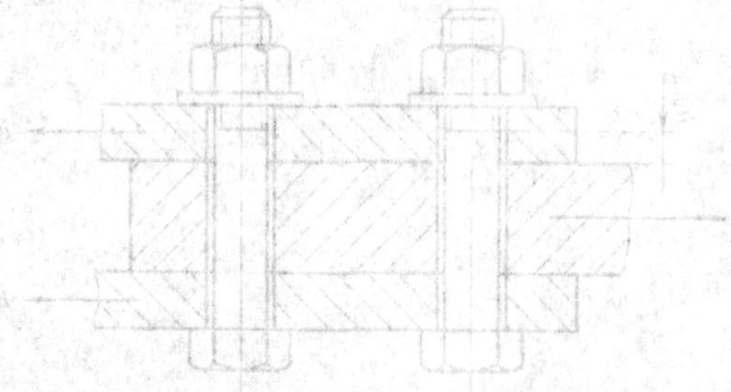

10-13　下图所示的刚性凸缘联轴器用四个 M10 的铰制孔用螺栓连接，螺栓的性能等级为 5.6 级，联轴器材料为 HT200，试求

（1）该螺栓组连接所允许的最大转矩 T_{max}。

（2）若传递的最大转矩 T_{max} 不变，改用普通螺栓连接，装配时控制预紧力，试计算螺栓直径，并确定其公称长度，写出螺栓标记。（两个半联轴器接合面间的摩擦因数 $f=0.15$，可靠性系数 $K_f=1.2$）

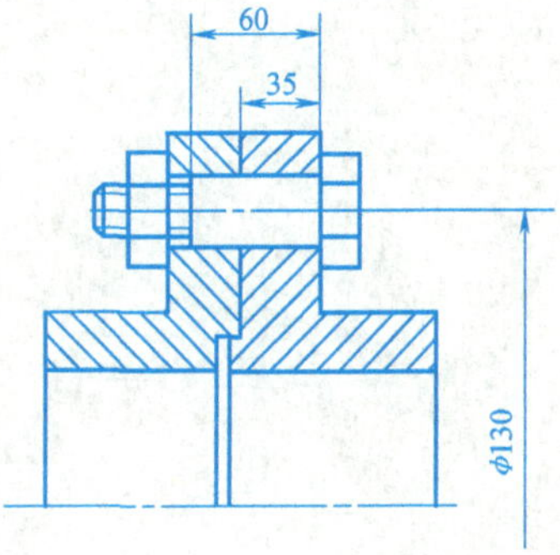

班级		成绩	
姓名		任课教师	
学号		批改日期	

10-14　下图所示为一支架与机座用四个普通螺栓连接，所受外载荷分别为横向载荷 $F_R = 5000N$，轴向载荷 $F_Q = 16000N$。已知螺栓的相对刚度 $C_1/(C_1 + C_2) = 0.25$，接合面间摩擦因数 $f = 0.15$，可靠性系数 $K_f = 1.2$，螺栓的性能等级为 8.8 级，试确定螺栓的直径及预紧力 F_0。

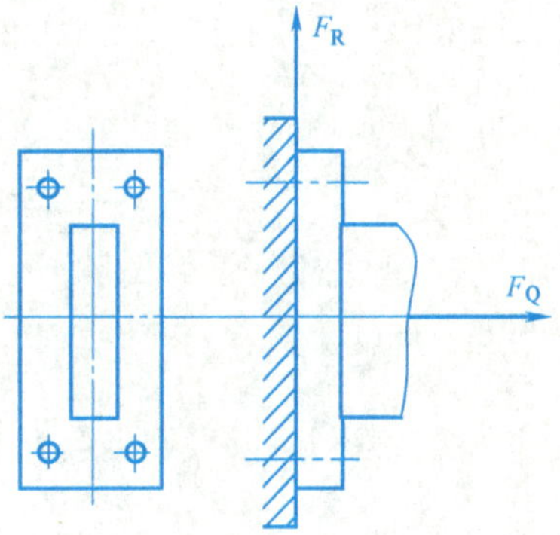

10-15　下图所示为方形盖板用四个螺钉与箱体连接，盖板中心 O 点的吊环受拉力 $F = 10kN$，要求剩余预紧力为工作拉力的 0.6 倍，螺钉的许用拉应力 $[\sigma] = 120MPa$。

（1）求螺钉的总拉力 F_1。

（2）如因制造误差，吊环由 O 点移到 O' 点，$\overline{OO'} = 5\sqrt{2}mm$，求受力最大螺钉的总拉力 F_{1max} 及螺钉的直径。

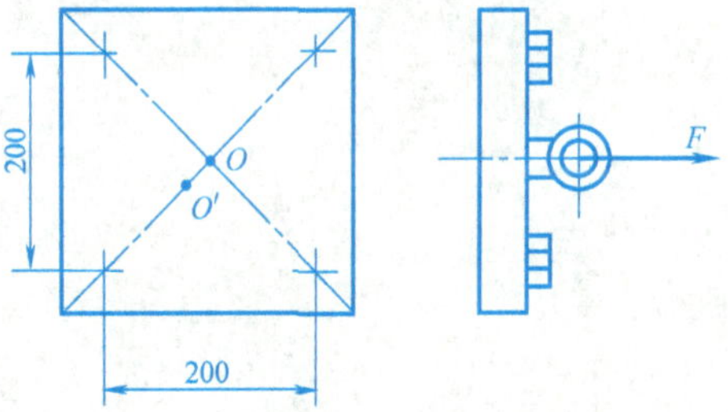

班级		成绩	
姓名		任课教师	
学号		批改日期	

10-16　下图所示减速器的低速轴与凸缘联轴器及圆柱齿轮之间采用普通平键连接。已知轴传递的转矩 $T=1000\text{N}\cdot\text{m}$，齿轮的材料为锻钢，凸缘联轴器的材料为 HT200，工作时有轻微冲击，连接处轴及轮毂尺寸如图所示，试选择键的类型和尺寸，并校核其强度。

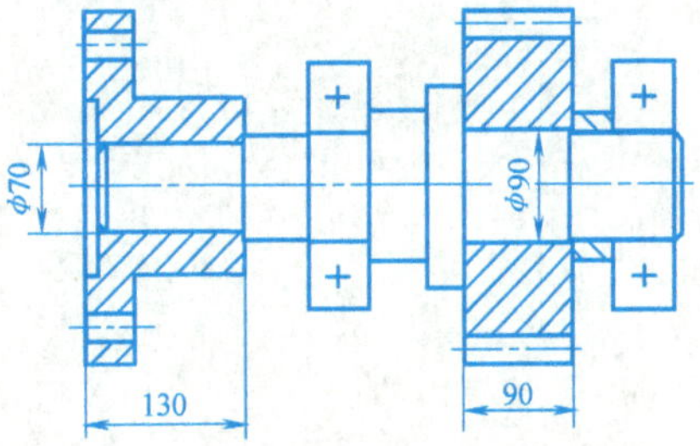

10-17　结构改错（在原图上改正）。

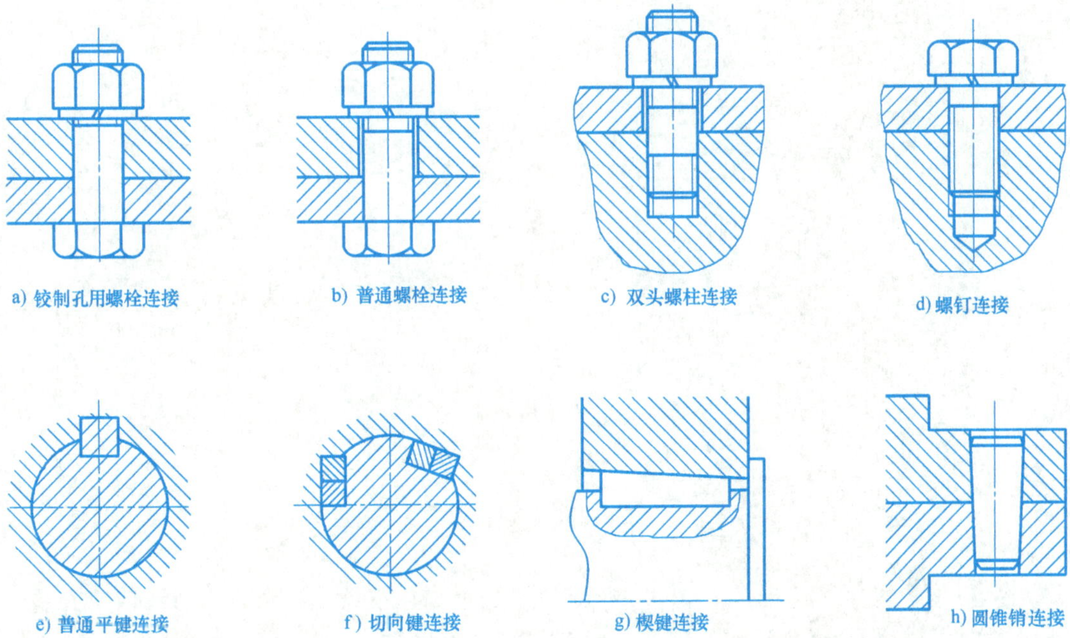

班级		成绩	
姓名		任课教师	
学号		批改日期	

第十一章 齿轮传动

11-1 选择题

(1) 材料为20Cr钢的硬齿面齿轮，适宜的热处理方法是________。

A. 整体淬火　　B. 渗碳淬火　　C. 调质　　D. 表面淬火

(2) 将材料为45钢的齿轮毛坯加工成6级精度的硬齿面直齿圆柱齿轮，该齿轮制造工艺顺序应为________。

A. 滚齿、表面淬火、磨齿　　B. 滚齿、磨齿、表面淬火

C. 表面淬火、滚齿、磨齿　　D. 滚齿、调质、磨齿

(3) 为了提高齿轮传动的齿面接触强度，应________。

A. 保证分度圆直径不变而增大模数　　B. 增大分度圆直径

C. 保证分度圆直径不变而增加齿数　　D. 减小齿宽

(4) 为了提高齿轮齿根弯曲强度，应________。

A. 增大模数　　B. 增大分度圆直径　　C. 增加齿数　　D. 减小齿宽

(5) 一对标准渐开线圆柱齿轮作减速传动，若大、小齿轮的材料或热处理方法不同，则工作时，两齿轮间的应力关系为________。(计算应力 σ_H、σ_F，许用应力 $[\sigma_H]$、$[\sigma_F]$)

A. $\sigma_{H1} \neq \sigma_{H2}$，$\sigma_{F1} \neq \sigma_{F2}$，$[\sigma_{H1}] = [\sigma_{H2}]$，$[\sigma_{F1}] = [\sigma_{F2}]$

B. $\sigma_{H1} = \sigma_{H2}$，$\sigma_{F1} = \sigma_{F2}$，$[\sigma_{H1}] \neq [\sigma_{H2}]$，$[\sigma_{F1}] \neq [\sigma_{F2}]$

C. $\sigma_{H1} = \sigma_{H2}$，$\sigma_{F1} \neq \sigma_{F2}$，$[\sigma_{H1}] \neq [\sigma_{H2}]$，$[\sigma_{F1}] \neq [\sigma_{F2}]$

D. $\sigma_{H1} \neq \sigma_{H2}$，$\sigma_{F1} = \sigma_{F2}$，$[\sigma_{H1}] \neq [\sigma_{H2}]$，$[\sigma_{F1}] \neq [\sigma_{F2}]$

(6) 一对标准渐开线齿轮作减速传动时，若两轮的许用接触应力 $[\sigma_{H1}] = [\sigma_{H2}]$、许用弯曲应力 $[\sigma_{F1}] = [\sigma_{F2}]$，则两轮的弯曲强度________，接触强度________。

A. 大齿轮较高　　B. 小齿轮较高　　C. 相同　　D. 无法判定

(7) 有两个标准直齿圆柱齿轮，齿轮1模数 $m_1 = 5\text{mm}$，$z_1 = 25$；齿轮2模数 $m_2 = 3\text{mm}$，$z_2 = 40$，它们的齿形系数 Y_{Fa1}______ Y_{Fa2}，齿形系数和应力修正系数的乘积 $Y_{Fa1}Y_{Sa1}$______ $Y_{Fa2}Y_{Sa2}$。

A. 大于　　B. 等于　　C. 小于　　D. 不确定

(8) 圆柱齿轮传动中，常使小齿轮齿宽 b_1 略大于大齿轮齿宽 b_2，其目的是________。

A. 提高小齿轮齿面接触强度　　B. 提高小齿轮齿根弯曲强度

C. 补偿安装误差，以保证全齿宽接触　　D. 减少小齿轮载荷分布不均

(9) 将轮齿作成鼓形的目的是减小________。

A. 齿间载荷分配不均　　B. 齿向载荷分配不均　　C. 附加动载荷

(10) 齿轮接触强度计算中的材料弹性影响系数 Z_E 反映了齿轮副____对齿面接触应力的影响。

A. 材料的弹性模量和泊松比　　B. 材料的强度极限　　C. 材料的硬度

(11) 对于闭式软齿面齿轮传动，在传动尺寸不变并满足弯曲疲劳强度的前提下，齿数适当取多些，可以提高________。

A. 轮齿的弯曲强度　　B. 齿面的接触强度　　C. 传动的平稳性

(12) 对于闭式硬齿面齿轮传动，宜取较少齿数以增大模数，其目的是________。

A. 提高齿面接触强度

B. 减小轮齿的切削量

C. 保证轮齿的弯曲强度

班级		成绩	
姓名		任课教师	
学号		批改日期	

(13) 设计一对齿数不同的齿轮传动。若需校核其弯曲强度时，一般应________。

A. 对大、小齿轮分别校核　　B. 只需校核小齿轮　　C. 只需校核大齿轮

(14) 现设有齿数相同的 A、B、C 三个标准齿轮，齿形系数最小的是______，最大的是____。

A. 标准直齿圆柱齿轮　　B. $\beta=15°$的斜齿圆柱齿轮　　C. $\delta=30°$的直齿锥齿轮

(15) 在齿轮传动的设计计算中，下列参数和尺寸应标准化的有______，应圆整的有______；没有标准化也不应圆整的有____________________。

A. 斜齿轮的法向模数 m_n　　B. 斜齿轮的端面模数 m_t　　C. 齿宽 B　　D. 齿厚 s

E. 斜齿轮中心距 a　　F. 直齿轮中心距 a　　G. 分度圆压力角 α

H. 螺旋角 β　　I. 锥距 R　　J. 齿顶圆直径 d_a

11-2　填空题

(1) 对齿轮材料的基本要求是：齿面____，齿芯______。在齿轮传动中，软、硬齿面是以______来划分的，当________时为软齿面，一般取小、大齿轮的硬度差为________HBW，其原因是__________；当__________时为硬齿面，一般取小、大齿轮的硬度______。

(2) 在齿轮传动中，获得软齿面的热处理方式有______、________，而获得硬齿面的热处理方式有________、________、________、________、________等。

(3) 一般参数的闭式软齿面齿轮传动的主要失效形式是________；闭式硬齿面齿轮传动的主要失效形式是________；开式齿轮传动的主要失效形式是________；高速重载齿轮传动，当润滑不良时最可能出现的失效形式是________。

(4) 在闭式软齿面齿轮传动中，齿面疲劳点蚀经常首先出现在__________处，其原因是该处__________、__________。

(5) 在推导轮齿齿根弯曲疲劳应力计算公式时，其计算模型是________，设计的主要参数是________。一对齿轮传动中，大、小齿轮的弯曲应力________。

(6) 齿轮齿面接触应力计算公式是在________公式的基础上推导出来的，影响齿面接触应力的最主要的参数是________________。一对标准齿轮传动，若中心距、传动比等其他条件保持不变，仅增大齿数 z_1，而减小模数 m，则齿轮的齿面接触疲劳强度______。

(7) 渐开线齿轮的齿形系数 Y_{Fa}的物理意义是________________。标准直齿圆柱齿轮的 Y_{Fa}值只与齿轮的______有关。标准斜齿圆柱齿轮的 Y_{Fa}值与齿轮的________有关。

(8) 直齿锥齿轮传动的强度计算方法是以________________的当量圆柱齿轮为基础。

(9) 齿轮的弯曲疲劳强度极限 σ_{Flim}和接触疲劳强度极限 σ_{Hlim}是经持久疲劳试验并按失效概率为______来确定的，试验齿轮的弯曲应力循环特性为______循环。

(10) 齿轮传动装置如下图所示，若齿轮 1 为主动，则齿轮 2 的齿根弯曲应力按______循环变化，而齿面接触应力按______循环变化，如求得其齿根最大弯曲应力为 300MPa，则最小应力值为________ MPa，应力幅值为________ MPa，平均应力为____ MPa；若齿轮 2 为主动，则其齿根弯曲应力按______循环变化，齿面接触应力按______循环变化。

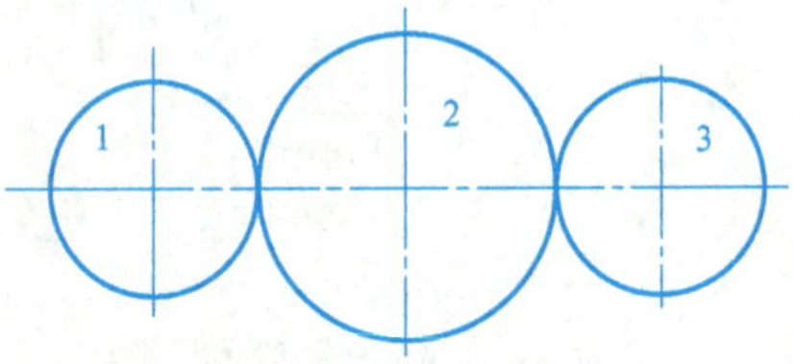

班级		成绩	
姓名		任课教师	
学号		批改日期	

11-3　在不改变齿轮材料和尺寸的情况下，如何提高轮齿的抗折断能力？

11-4　在直齿圆柱齿轮强度计算中，当齿面接触强度已足够，而齿根弯曲强度不足时，可以采用什么措施提高弯曲强度？

11-5　标准直齿圆柱齿轮传动，若传动比 i、转矩 T_1、齿宽 b 均保持不变，试问在下列条件下齿轮的弯曲应力和接触应力各将发生什么变化？

（1）模数 m 不变，齿数 z_1 增加。

（2）齿数 z_1 不变，模数 m 增大。

（3）齿数 z_1 增加一倍，模数 m 减小一半。

11-6　一对圆柱齿轮传动，大、小齿轮齿面接触应力是否相等？齿根弯曲应力是否相等？为什么？在什么条件下两齿轮的接触强度相等？在什么条件下两齿轮的弯曲强度相等？

班级		成绩	
姓名		任课教师	
学号		批改日期	

11-7　齿宽系数 ϕ_d 的大小对齿轮传动的尺寸和强度影响如何？选取时要考虑哪些因素？

11-8　在圆柱齿轮、锥齿轮传动设计中，小齿轮的宽度 b_1 与大齿轮的宽度 b_2 有何关系？在强度计算时采用哪个齿宽？

11-9　有一对标准直齿圆柱齿轮传动。有关参数和许用值如下表，试分析、比较哪个齿轮的弯曲疲劳强度高？哪个齿轮的接触疲劳强度高？

齿轮	m/mm	z	Y_{Fa}	Y_{sa}	b/mm	$[\sigma_F]$/MPa	$[\sigma_H]$/MPa
1	2	20	2.8	2.2	45	490	570
2	2	50	2.4	2.3	40	400	470

班级		成绩	
姓名		任课教师	
学号		批改日期	

11-10 现有 A、B 两对闭式软齿面直齿圆柱齿轮传动，其参数如下表所示。它们的材料及热处理硬度、载荷、工况及制造精度均相同。试分析、比较这两对齿轮接触强度及弯曲强度的高低。

齿轮对	m/mm	z_1	z_2	b/mm
A	2	40	90	60
B	4	20	45	60

11-11 在直齿-斜齿两级圆柱齿轮传动中，试问斜齿圆柱齿轮应置于高速级还是低速级？为什么？在直齿锥齿轮-圆柱齿轮所组成的两级传动中，锥齿轮应置于高速级还是低速级？为什么？

班级		成绩	
姓名		任课教师	
学号		批改日期	

11-12　下图所示为两级展开式标准斜齿圆柱齿轮减速器。已知其输出轴Ⅲ的转向 n_4。

（1）为使Ⅱ轴上齿轮 2、3 的轴向力互相抵消，试确定齿轮 3 轮齿螺旋线的方向及螺旋角的大小。

（2）画出各齿轮的圆周力、径向力和轴向力的方向。

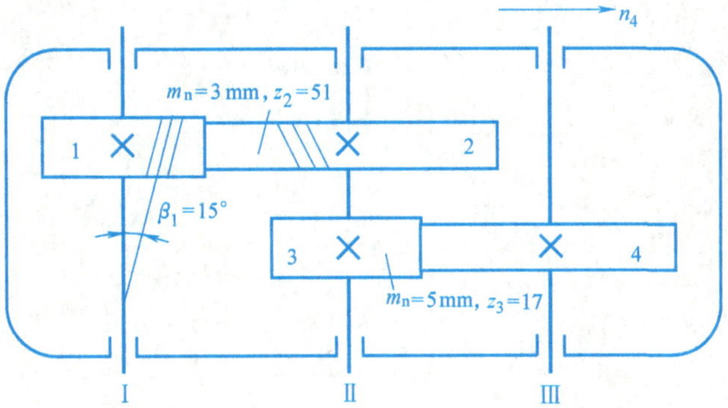

11-13　下图所示为二级锥齿轮-圆柱齿轮减速器，已知其输入轴Ⅰ的转向 n_1。

（1）合理确定斜齿轮 3 和 4 的螺旋线方向（画在图上）。

（2）在图上画出各齿轮的圆周力、径向力和轴向力的方向。

（3）应从输出轴Ⅲ的哪端输出转矩为宜？为什么？

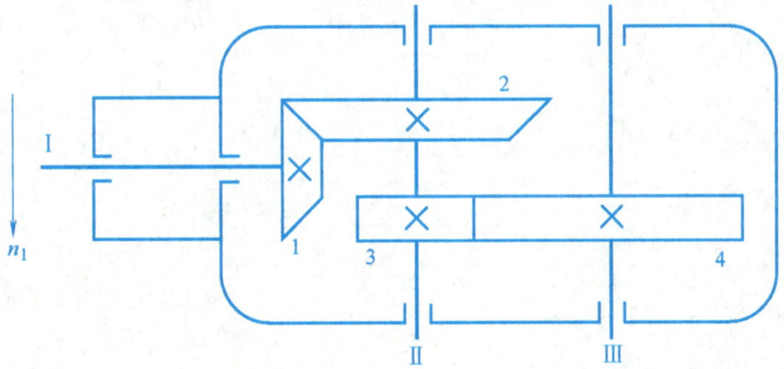

班级		成绩	
姓名		任课教师	
学号		批改日期	

11-14　有一同学设计闭式软齿面直齿圆柱齿轮传动。方案一的参数为 $m=4\text{mm}$、$z_1=20$、$z_2=60$，经强度计算，其齿面接触疲劳强度刚好满足设计要求，但齿根弯曲应力远远小于许用应力，因而又进行了两种方案设计。方案二的参数为 $m=2\text{mm}$、$z_1=40$、$z_2=120$，其齿根弯曲疲劳强度刚好满足设计要求。方案三的参数为 $m=2\text{mm}$、$z_1=30$、$z_2=90$。假设改进后其工作条件、载荷系数 K、材料、热处理硬度、齿宽等条件都不变，问

（1）改进后的方案二、方案三是否可用？为什么？

（2）应采用哪个方案更加合理？为什么？

11-15　设计一直齿圆柱齿轮传动，原用材料的许用接触应力为 $[\sigma_{H1}]=700\text{MPa}$、$[\sigma_{H2}]=600\text{MPa}$，求得中心距 $a=100\text{mm}$；现改用 $[\sigma'_{H1}]=600\text{MPa}$、$[\sigma'_{H2}]=400\text{MPa}$ 的材料，若齿宽和其他条件都不变，为保证接触疲劳强度不变，试计算改用材料后的中心距 a'。

班级		成绩	
姓名		任课教师	
学号		批改日期	

11-16　一直齿圆柱齿轮传动，已知 $z_1=20$，$z_2=60$，$m=4$mm，$b_1=45$mm，$b_2=40$mm，齿轮材料为锻钢，许用接触应力 $[\sigma_{H1}]=500$MPa，$[\sigma_{H2}]=430$MPa，许用弯曲应力 $[\sigma_{F1}]=340$MPa，$[\sigma_{F2}]=280$MPa，弯曲载荷系数 $K=1.85$，接触载荷系数 $K=1.40$，求大齿轮所允许的输出转矩 T_2（不计功率损失）。

11-17　有一对闭式软齿面直齿圆柱齿轮传动，已知小齿轮齿数 $z_1=20$，传动比 $i=3$，模数 $m=4$mm，齿宽 $b=80$mm，齿面接触应力 $\sigma_H=400$MPa，大齿轮齿根弯曲应力 $\sigma_{F2}=50$MPa。现可忽略载荷系数 K 对强度的影响，试求

（1）小齿轮的齿根弯曲应力 σ_{F1}。

（2）当其他条件不变，而 $b=40$mm 时的齿面接触应力 σ'_H 和齿根弯曲应力 σ'_{F1}、σ'_{F2}。

班级		成绩	
姓名		任课教师	
学号		批改日期	

11-18　试设计铣床中一对外啮合直齿圆柱齿轮传动。已知传递功率 $P_1=7.5\text{kW}$，小齿轮主动，转速 $n_1=1450\text{r/min}$，齿数 $z_1=26$，$z_2=54$，双向转动，工作寿命 $L_h=12000\text{h}$。小齿轮相对轴承非对称布置，轴的刚性较大，工作中受轻微冲击，7 级制造精度。

班级		成绩	
姓名		任课教师	
学号		批改日期	

11-19　试设计一对外啮合斜齿圆柱齿轮传动。已知传递功率 $P_1=40\text{kW}$，转速 $n_1=2800\text{r/min}$，传动比 $i_{12}=3.2$，工作寿命 $L_h=1000\text{h}$，单向传动，工作中受轻微冲击，小齿轮相对轴承非对称布置。

班级		成绩	
姓名		任课教师	
学号		批改日期	

11-20 设计由电动机驱动的闭式锥齿轮传动。已知传递功率 $P_1=9.2\text{kW}$，转速 $n_1=970\text{r/min}$，传动比 $i_{12}=3$，小齿轮悬臂布置，单向转动，载荷平稳，每日工作 8h，工作寿命为 5 年（每年按 300 个工作日计）。

班级		成绩	
姓名		任课教师	
学号		批改日期	

第十二章　蜗杆传动

12-1　选择题

（1）大多数蜗杆传动，其传动尺寸主要由齿面接触疲劳强度决定，该强度计算的目的是防止________。

A. 蜗杆齿面的疲劳点蚀和胶合　　B. 蜗杆齿的弯曲疲劳折断

C. 蜗轮齿的弯曲疲劳折断　　D. 蜗轮齿面的疲劳点蚀和胶合

（2）在蜗杆传动中，增加蜗杆头数 z_1，有利于________。

A. 提高传动的承载能力　B. 提高蜗杆刚度　C. 蜗杆加工　D. 提高传动效率

（3）对闭式蜗杆传动进行热平衡计算，其主要目的是________。

A. 防止润滑油受热后外溢，造成环境污染

B. 防止润滑油油温过高，使润滑条件恶化

C. 防止蜗轮材料在高温下机械性能下降

D. 蜗杆、蜗轮发生热变形后正确啮合被破坏

（4）对于一般传递动力的闭式蜗杆传动，其选择蜗轮材料的主要依据是________。

A. 齿面滑动速度　　B. 蜗杆传动效率

C. 配对蜗杆的齿面硬度　　D. 蜗杆传动的载荷大小

（5）在蜗杆传动中，如果模数和蜗杆头数一定，增加蜗杆的分度圆直径，将使______。

A. 传动效率提高，蜗杆的刚度降低　　B. 传动效率降低，蜗杆的刚度提高

C. 传动效率和蜗杆刚度都提高　　D. 传动效率和蜗杆刚度都降低

（6）蜗杆传动的当量摩擦因数 f_v 随齿面相对滑动速度的增大而________。

A. 增大　B. 不变　C. 减小　D. 不确定

（7）在蜗杆传动中，轮齿承载能力计算主要是针对________来进行的。

A. 蜗杆齿面接触强度和蜗轮齿根弯曲强度　　B. 蜗杆齿面接触强度和齿根弯曲强度

C. 蜗杆齿根弯曲强度和蜗轮齿面接触强度　　D. 蜗轮齿面接触强度和齿根弯曲强度

（8）蜗杆传动的失效形式与齿轮传动相类似，其中________最易发生。

A. 点蚀与磨损　　B. 胶合与磨损

C. 轮齿折断与塑性变形　　D. 胶合与塑性变形

（9）蜗杆传动中，蜗杆 1 和蜗轮 2 所受到的转矩关系为________。

A. $T_2 = T_1$　B. $T_2 = iT_1$　C. $T_2 = i\eta T_1$　D. $T_2 = iT_1/\eta$

12-2　填空题

（1）对滑动速度 $v_s \geq 4\text{m/s}$ 的重要蜗杆传动，蜗杆的材料可选用________进行________处理；蜗轮的材料可选用________________。

（2）蜗杆传动中强度计算的对象是________________，其原因是________________、________________。

（3）闭式蜗杆传动的功率损耗，一般包括________、________、________三部分。

12-3　蜗杆传动的失效形式及计算准则是什么？常用的材料配对有哪些？选择材料应满足哪些要求？

班级		成绩	
姓名		任课教师	
学号		批改日期	

12-4　对于蜗杆传动，下面三式有无错误？为什么？分别写出正确的表达式。

（1）$i=\dfrac{\omega_1}{\omega_2}=\dfrac{n_1}{n_2}=\dfrac{z_2}{z_1}=\dfrac{d_2}{d_1}$

（2）$a=\dfrac{d_1+d_2}{2}=\dfrac{m}{2}(z_1+z_2)$

（3）$F_{t2}=\dfrac{2T_2}{d_2}=\dfrac{2T_1 i}{d_2}=\dfrac{2T_1}{d_1}=F_{t1}$

12-5　下图所示的蜗杆传动均是以蜗杆为主动件。试在图上标出蜗轮（或蜗杆）的转向，蜗轮齿的螺旋线方向，蜗轮所受各分力的方向。

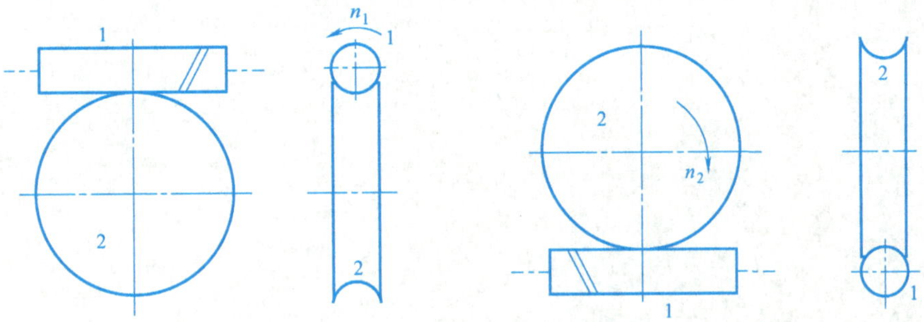

a)　　　　b)

12-6　在下图所示的传动系统中，已知输出轴 n_6 的方向。

（1）为使各轴所受的轴向力较小，确定斜齿轮 3、4 和蜗杆蜗轮 1、2 的螺旋线方向（标在图上或用文字说明）及各轴的转向。

（2）在图中标出各齿轮和蜗杆蜗轮的轴向力、圆周力方向。

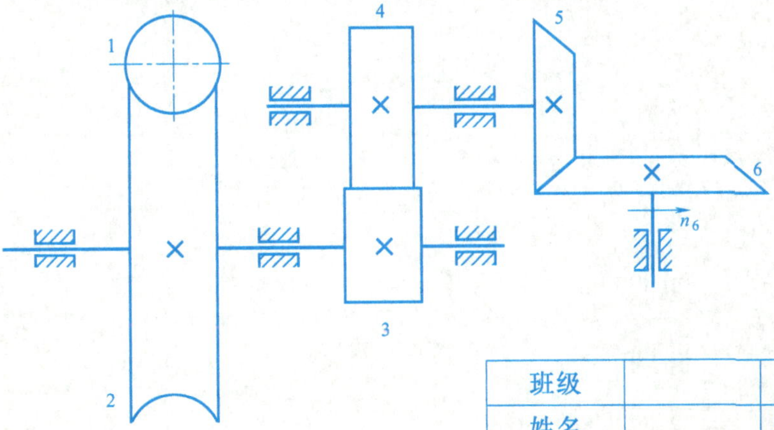

班级		成绩	
姓名		任课教师	
学号		批改日期	

12-7 某传动装置中采用蜗杆传动。已知电动机功率 $P=10\text{kW}$，转速 $n=960\text{r/min}$，蜗杆传动参数：$z_1=2$，$z_2=60$，$d_1=63\text{mm}$，$m=8\text{mm}$，右旋，蜗杆蜗轮啮合效率 $\eta_1=0.75$，整个传动系统总效率 $\eta=0.70$，卷筒直径 $D=600\text{mm}$，试求

(1) 重物上升时，电动机的转向(画在图上)。

(2) 重物上升的速度 v。

(3) 重物的最大重量 W。

(4) 蜗轮所受各力大小，并标出各力的方向。

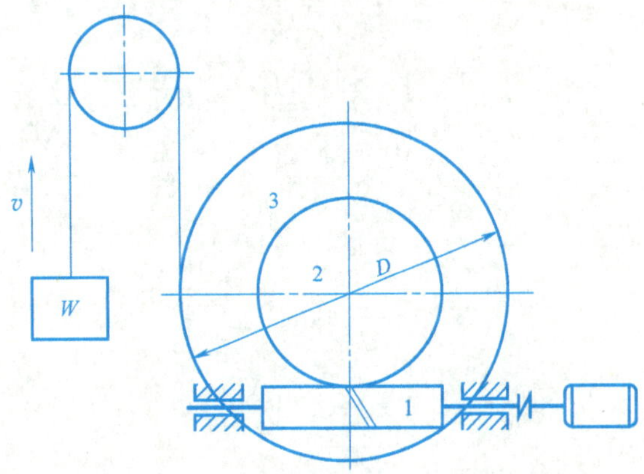

12-8 在下图所示的传动系统中，已知斜齿轮 3 的轮齿旋向，要求在图上

(1) 确定带传动的合理转向。

(2) 标出齿轮 4 的轮齿旋向和轴向力。

(3) 根据Ⅲ轴的合理受力状态标出蜗杆 5、蜗轮 6 的轮齿旋向和轴向力、周向力的方向及蜗轮的转向。

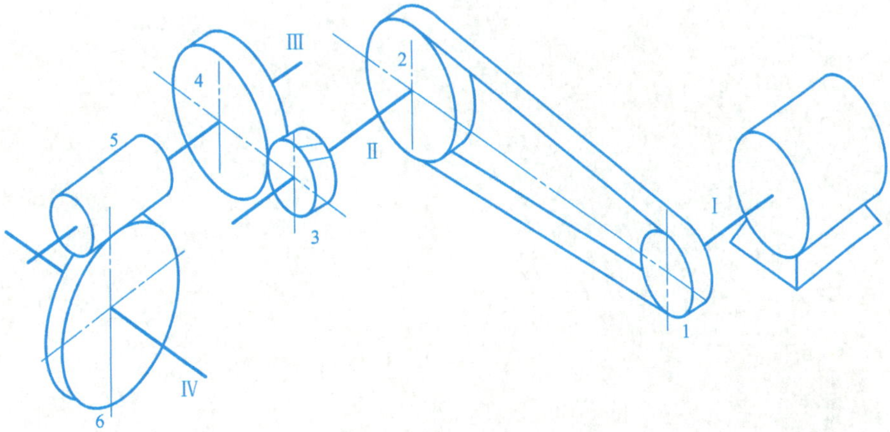

班级		成绩	
姓名		任课教师	
学号		批改日期	

第十三章　带传动和链传动

13-1　选择题

(1) V 带传动的中心距和小带轮的直径一定时，若增大传动比，则带在小带轮上的包角将________，带在大带轮上的弯曲应力将________。

A. 增大　　B. 不变　　C. 减小　　D. 无法确定

(2) 带传动中，主动轮圆周速度为 v_1，从动轮圆周速度为 v_2，带速为 v，它们之间的关系是________。

A. $v_1 = v_2 = v$　　B. $v_1 > v > v_2$　　C. $v_1 < v < v_2$　　D. $v > v_1 > v_2$

(3) 选取 V 带型号的根据是________。

A. 带的线速度　　B. 带的有效拉力　　C. 带传递的功率和小带轮转速

(4) 带传动正常工作时，小带轮上的滑动角________小带轮的包角。

A. 大于　　B. 小于　　C. 小于或等于　　D. 大于或等于

(5) 设计 V 带传动，限制小带轮的直径 $d_{d1} \geqslant d_{dmin}$，是为了________。

A. 限制带的弯曲应力　　B. 限制相对滑移量

C. 保证带与轮面间的摩擦力　　D. 带轮在轴上安装需要

(6) 用________来提高带传动的传递功率是不合适的。

A. 适当增大初拉力 F_0　　B. 增大中心距 a

C. 增加带轮表面粗糙度值　　D. 增大小带轮直径

(7) 带传动正常工作时，不能保证准确的传动比是因为________。

A. 带的材料不符合胡克定律　　B. 带容易变形和磨损

C. 带在带轮上打滑　　D. 带的弹性滑动

(8) 链传动中，链节数和齿数常分别取________。

A. 偶数与偶数　　B. 偶数与奇数　　C. 奇数与偶数

(9) 链传动设计中，限制小链轮的齿数 $z_1 \geqslant z_{min}$，是为了________。

A. 防止脱链现象发生　　B. 防止小链轮转速过高

C. 提高传动平稳性　　D. 保证链轮轮齿的强度

(10) 若大链轮齿数过大 ($z > 120$)，则________。

A. 链条的磨损快　　B. 易发生脱链现象　　C. 链传动的噪声大

(11) 对于高速、重载的链传动，应选取________链条。

A. 大节距单排　　B. 小节距单排　　C. 小节距多排

(12) 两轮轴线在同一水平面的链传动，布置时应使链条的紧边在上，松边在下，这样____。

A. 松边下垂后不致与紧边相碰　　B. 可减少链条的磨损

C. 可使链传动达到张紧的目的

(13) 链传动压轴力要比带传动小，这主要是因为________。

A. 链的质量大，离心力大　　B. 啮合传动不需要很大的初拉力

C. 在传递相同功率时，圆周力小

D. 链传动只用来传递小功率

班级		成绩	
姓名		任课教师	
学号		批改日期	

13-2 填空题

(1) 在平带或 V 带传动中，影响最大有效拉力 F_{ec} 的因素是________、________、和____________________。

(2) V 带传动在工作过程中，带内应力有__________、__________、__________，最大应力 σ_{max} = ____________________，发生在____________________。

(3) 带传动的主要失效形式为________和________________，其设计准则为____。

(4) 某普通 V 带传动，传递功率 $P=7.5\text{kW}$，带速 $v=10\text{m/s}$，紧边拉力是松边拉力的两倍（$F_1=2F_2$），则 F_1 = ____________ N 和 F_2 = ____________ N。

(5) 滚子链是由滚子、套筒、销轴、内链板和外链板所组成的，其中________________之间、________________之间分别为过盈配合，而____________之间、____________之间分别为间隙配合。

(6) 在链传动中，链轮的转速________，节距________，齿数________，则链传动的动载荷越大。

(7) 链传动的____________传动比是不变的，而____________传动比是变化的。

(8) 在设计图样上注明某链条的标记为：16A-2-60 GB/T 1243—2006，其中“16A”表示________________，“2”表示________________，“60”表示________________。

13-3 为什么带传动通常布置在机器的高速级？而链传动通常布置在机器的低速级？

13-4 在普通 V 带传动中，为什么一般推荐使用的带速为 $5 \leqslant v \leqslant 25\text{m/s}$？

班级		成绩	
姓名		任课教师	
学号		批改日期	

13-5　某带传动由变速电动机驱动，大带轮输出转速的变化范围为500～1000r/min。若大带轮上的负载为恒功率负载，应该按哪一种转速设计带传动？若大带轮上的负载为恒转矩负载，应该按哪一种转速设计带传动？为什么？

13-6　下图所示为带式输送装置。已知小带轮直径 $d_{d1}=140\text{mm}$、大带轮直径 $d_{d2}=400\text{mm}$、鼓轮直径 $D=250\text{mm}$。为提高生产率，在载荷不变的条件下，提高带速 v。设电动机功率和减速器的强度足够，忽略中心距变化，下列哪种方案更为合理？

（1）鼓轮直径 D 增大到350mm。

（2）大带轮直径 d_{d2} 减小到280mm。

（3）小带轮直径 d_{d1} 增大到200mm。

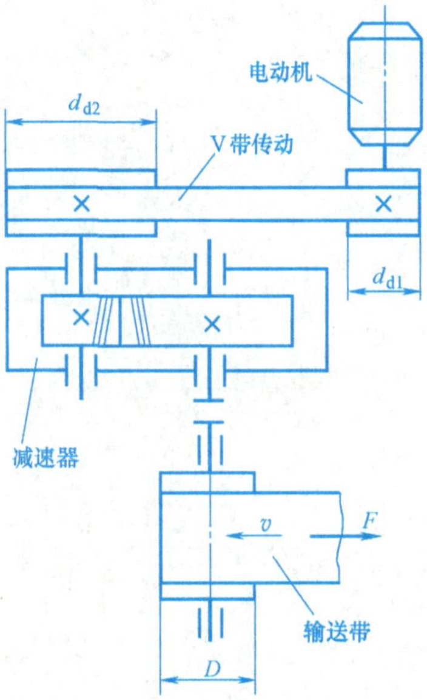

班级		成绩	
姓名		任课教师	
学号		批改日期	

13-7　某带传动，要求传递功率 $P=5\text{kW}$，小带轮直径 $d_1=150\text{mm}$，转速 $n_1=1000\text{r/min}$。若设 $e^{f\alpha}=5$，带的初拉力 $F_0=1650\text{N}$，试问该带传动是否打滑，是否有弹性滑动，为什么？

13-8　链传动有哪几种主要的失效形式？

13-9　有一链传动，小链轮主动，转速 $n_1=900\text{r/min}$，齿数 $z_1=25$，$z_2=75$。现因工作需要，拟将大链轮的转速降低到 $n_2\approx250\text{r/min}$，链条长度不变，问

（1）若从动轮齿数 z_2 不变，应将主动轮齿数 z_1 减小到多少？此时链条所能传递的功率有何变化？

（2）若主动轮齿数 z_1 不变，应将从动轮齿数 z_2 增加到多少？此时链条所能传递的功率有何变化？

班级		成绩	
姓名		任课教师	
学号		批改日期	

13-10 现设计一带式输送机的传动部分，该传动部分由普通 V 带传动和齿轮传动组成。齿轮传动采用标准齿轮减速器。原动机为电动机，额定功率 $P=11\text{kW}$，转速 $n_1=1460\text{r/min}$，减速器输入轴转速为 400r/min，允许传动比误差为 ±5%，两班制工作，试设计此普通 V 带传动。

班级		成绩	
姓名		任课教师	
学号		批改日期	

13-11 单排滚子链传动，小链轮为主动轮，链轮齿数 $z_1=21$，$z_2=105$，链型号为16A，$n_1=600\text{r/min}$，工况系数 $K_A=1.2$，中心距 $a=910\text{mm}$，试求此链传动允许传递的最大功率。

13-12 设计一输送装置用的滚子链传动。已知主动轮转速 $n_1=960\text{r/min}$，功率 $P=16.8\text{kW}$，传动比 $i_{12}=3.5$，原动机为电动机，工作载荷冲击较大，中心距不大于800mm（要求中心距可以调节），水平布置。

班级		成绩	
姓名		任课教师	
学号		批改日期	

13-13 下图所示为带传动的张紧方案，试指出其不合理之处，并改正。

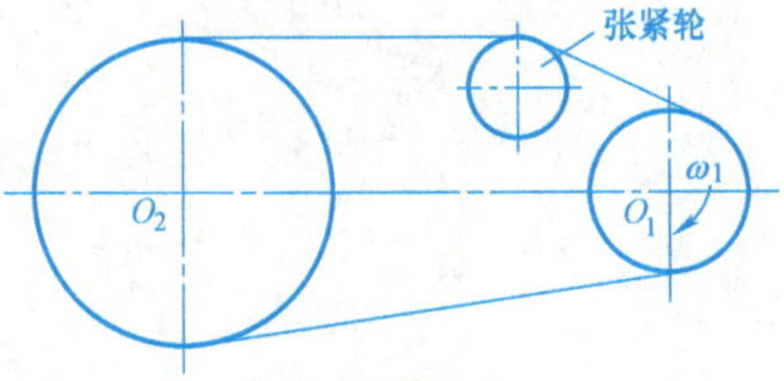

a) 平带传动

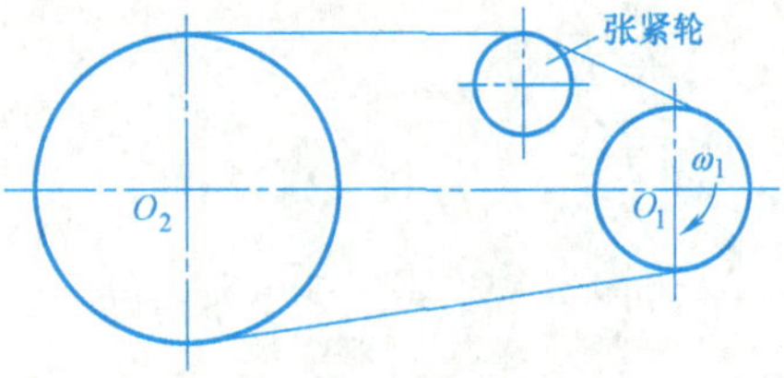

b) V带传动

13-14 将下图所示的链传动、带传动和齿轮传动组成一个减速的传动装置，要求所有轴线在同一水平面内，并按通常情况合理布置各传动零件的位置。

（1）以电动机为原动机画出正确的运动简图，并说明各传动顺序的理由。

（2）在图中画出电动机的合理转动方向。

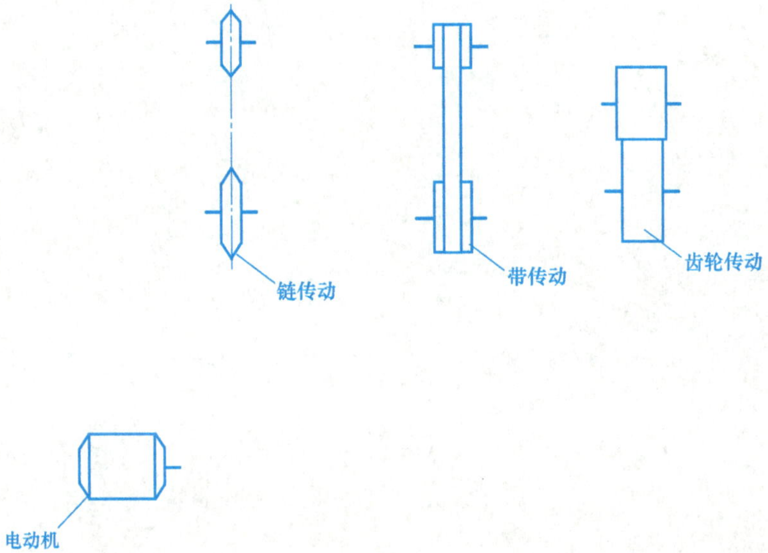

班级		成绩	
姓名		任课教师	
学号		批改日期	

第十四章　轴

14-1　选择题

（1）单级齿轮减速器中的轴所承受的载荷是________。

A. 转矩　　B. 弯矩　　C. 转矩及弯矩

（2）对于承受载荷较大的重要轴，常用材料是________。

A. HT200　　B. 40Cr　　C. Q235　　D. 45 钢

（3）轴环的作用是________。

A. 加工轴时的定位面　　B. 提高轴的强度

C. 使轴上零件获得轴向固定　　D. 提高轴的刚度

（4）转轴的最小直径是按________来初步计算的。

A. 弯曲强度　　B. 扭转强度　　C. 轴段上零件的孔径　　D. 轴段的长度

（5）作用在转轴上的各种载荷，能产生对称循环弯曲应力的是________。

A. 轴向力　　B. 径向力　　C. 转矩

（6）轴上零件轮毂宽度应________与之配合的轴段轴向尺寸。

A. 小于　　B. 等于　　C. 大于　　D. 不确定

（7）转轴的主要失效形式是________。

A. 疲劳破坏或刚度不足　　B. 磨损

C. 塑性变形　　D. 由于静强度不足而断裂

（8）当轴上零件要承受较大轴向力时，采用________定位较好。

A. 轴肩　　B. 紧定螺钉　　C. 弹性挡圈

（9）对大直径轴的轴肩圆角处进行喷丸处理，其目的是________。

A. 提高材料的疲劳强度　　B. 使尺寸精确

C. 达到规定的表面粗糙度值

14-2　填空题

（1）工作时既承受弯矩又传递转矩的轴，称为________，工作时只承受弯矩，不传递转矩的轴，称为________。

（2）汽车中连接变速器与后桥之间的轴属于________。

（3）轴上零件轴向固定的目的是________________。常用的轴向定位方法有________、________、________、________、________等形式。

（4）常用的周向定位方法有键、________、________、________和________。

（5）根据几何轴线的形状，轴可分为________、________和________。

（6）轴的弯曲刚度用__________或__________来表征，扭转刚度用________来表征。轴的刚度计算应满足的条件为______________。

（7）为了改善轴的受力状况，减小应力集中，常采用的方法是______________、__________、__________。

（8）在轴的当量弯矩计算公式 $M_e=\sqrt{M^2+(\alpha T)^2}$ 中，α 是考虑________________________________。

（9）转轴通常设计成中间粗、两头细的阶梯状，其目的是______________。

班级		成绩	
姓名		任课教师	
学号		批改日期	

14-3 按照下图中各轴所承受载荷的情况，判定其类型（忽略轴的自重）。

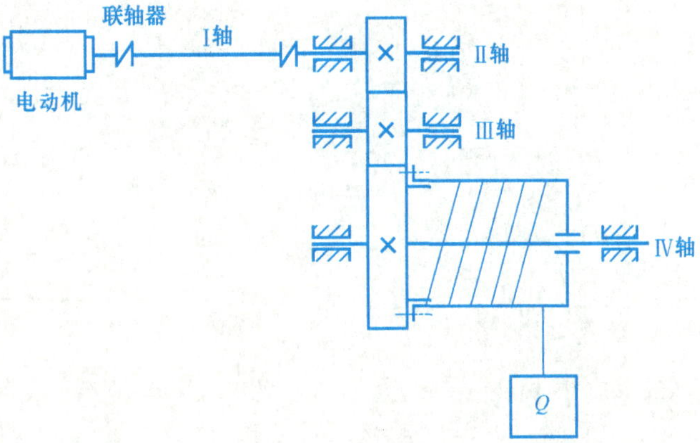

14-4 简述常用的轴的材料及用途。

14-5 轴的结构设计的目的和主要要求是什么？

班级		成绩	
姓名		任课教师	
学号		批改日期	

14-6　有一传动轴，传递功率 $P=6\text{kW}$，转速 $n=60\text{r/min}$，轴的材料为 40Cr 钢，调质处理，试计算轴的最小直径 d_{min}。

14-7　已知一传动轴的直径 $d=35\text{mm}$，转速 $n=1400\text{r/min}$，许用扭转切应力 $[\tau]=80\text{MPa}$，试求该轴能传递的最大功率 P_{max}。

14-8　已知一转轴在直径 $d=55\text{mm}$ 处受不变转矩 $T=150\text{N}\cdot\text{m}$ 和弯矩 $M=200\text{N}\cdot\text{m}$ 的作用，轴的材料为 45 钢调质，问该轴能否满足强度要求？

班级		成绩	
姓名		任课教师	
学号		批改日期	

14-9　在某传动装置中，有一齿轮相对于轴承对称安装在轴上，尺寸如图所示，试设计此轴各轴段的直径及长度（单位为 mm。图中齿轮仅画出轮廓，请补充完整）。

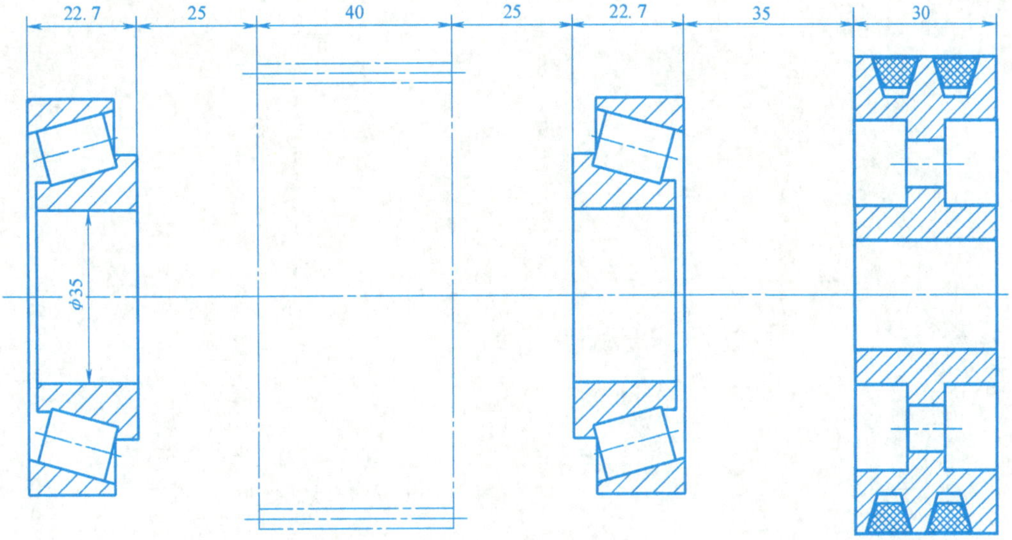

14-10　指出下图中轴的结构设计不合理的地方，并画出改进后的轴的结构图。

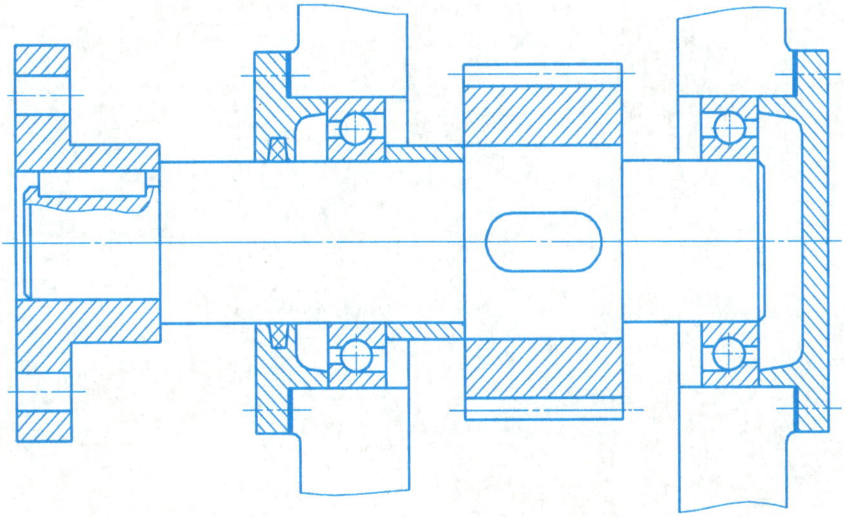

班级		成绩	
姓名		任课教师	
学号		批改日期	

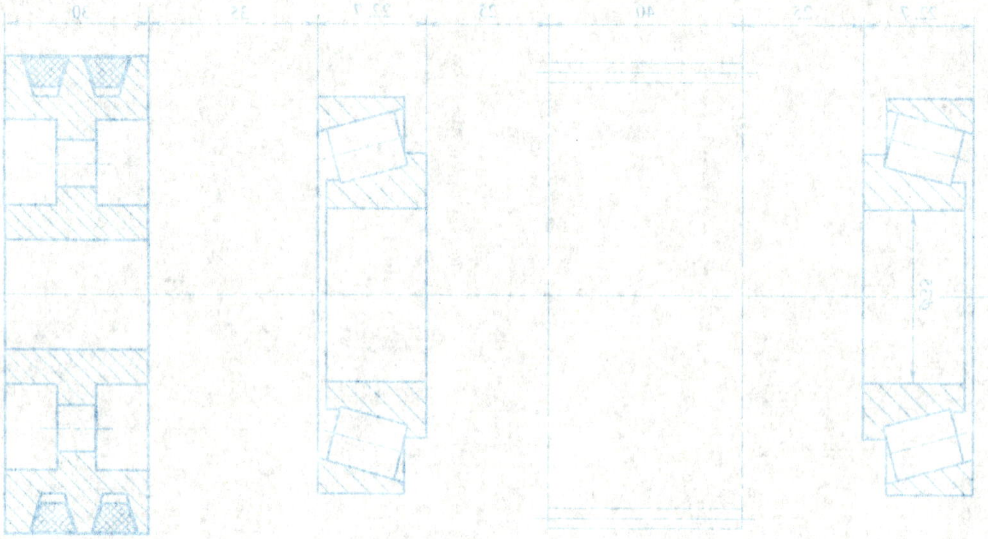

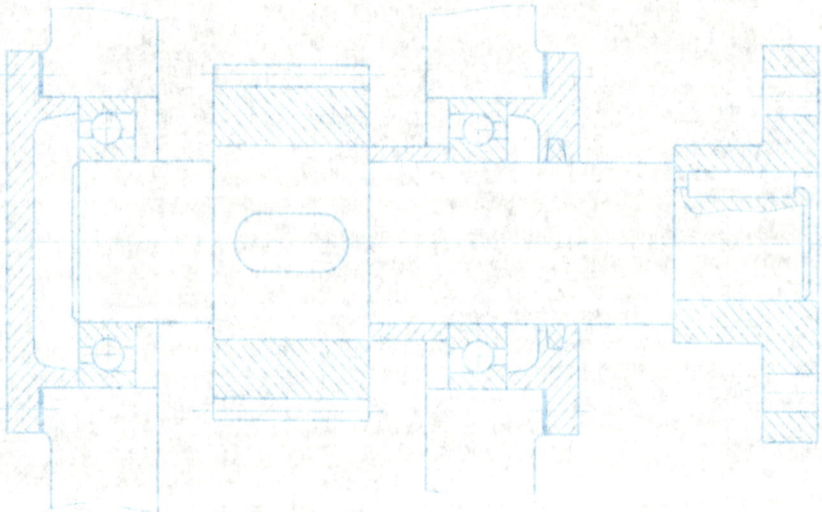

第十五章　滚动轴承

15-1　选择题

(1) 在滚动轴承寿命计算中，当工作温度在________以下时，温度系数 $f_t = 1$。

A. 80℃　　B. 100℃　　C. 120℃　　D. 150℃

(2) 在满足工作要求的前提下，允许转速最高的是________。

A. 深沟球轴承　　B. 圆柱滚子轴承　　C. 推力球轴承　　D. 圆锥滚子轴承

(3) 深沟球轴承型号为6115，其公称内径为________ mm。

A. 15　　B. 115　　C. 60　　D. 75

(4) 滚动轴承的基本额定寿命是指________。

A. 在额定动载荷作用下，轴承所能达到的寿命

B. 在额定工况和额定动载荷作用下，轴承所能达到的寿命

C. 在额定工况和额定动载荷作用下，90%的轴承所能达到的寿命

D. 一批同型号的轴承在相同条件下进行实验，90%的轴承所能达到的寿命

(5) 若转轴在载荷作用下弯曲变形较大，或两轴承座孔不能保证良好的同轴度，则宜选用________类轴承。

A. 3 或 7　　B. 6　　C. N　　D. 1 或 2

(6) 设计轴系支承端的结构形式时，对轴承跨距较大、且工作温度变化较大的轴，应考虑采用________。

A. 一端固定、一端游动的结构　　B. 内部间隙可调整的轴承

C. 轴颈与轴承内圈采用很松的配合　　D. 两端单向固定的结构

(7) 在下列四种轴承中，________一般应成对使用。

A. 圆锥滚子轴承　　B. 圆柱滚子轴承　　C. 推力球轴承　　D. 深沟球轴承

(8) 滚动轴承内圈与轴颈、外圈与座孔的配合________。

A. 均为基轴制　　B. 前者为基轴制，后者为基孔制

C. 均为基孔制　　D. 前者为基孔制，后者为基轴制

(9) 为保证轴承内圈与轴肩端面接触良好，轴承的圆角半径 R 与轴肩处圆角半径 r 应满足的关系是________。

A. $R = r$　　B. $R > r$　　C. $R < r$　　D. $R \leqslant r$

(10) 在各类滚动轴承中，除承受径向载荷外，还能承受不大的双向轴向载荷的是________，能承受一定单向轴向载荷的是________。

A. 深沟球轴承　　B. 角接触球轴承　　C. 圆柱滚子轴承　　D. 圆锥滚子轴承

15-2　填空题

(1) 说明下列型号滚动轴承的类型、内径、公差等级、直径系列和结构特点，并指出其中具有下列特征的轴承。

滚动轴承的型号：6306、51316、N316/P6、30306、6306/P5、30206。

径向承载能力最高和最低的轴承分别是__________和__________。

轴向承载能力最高和最低的轴承分别是__________和__________。

极限转速最高和最低的轴承分别是__________和__________。

班级		成绩	
姓名		任课教师	
学号		批改日期	

公差等级最高的轴承是________。

能承受轴向、径向联合载荷的轴承是________。

（2）对于回转的滚动轴承，一般常发生疲劳点蚀破坏，故轴承的尺寸主要按________计算确定。

（3）滚动轴承预紧的目的是____________________。所谓预紧是指________________。

（4）有一 60000 型轴承，根据疲劳寿命计算，预期寿命为 $L_{10}=5.4\times10^7\mathrm{r}$（$L_h=2000\mathrm{h}$），在下列情况下，轴承寿命 L_{10} 和 L_h 分别为多少？

当 C、P 不变时，轴的转速由 n 增加到 $2n$，$L_{10}=$________，$L_h=$________。

当 C、n 不变时，当量动载荷由 P 增加到 $2P$，$L_{10}=$________，$L_h=$________。

当 n、P 不变时，轴承尺寸改变，其额定动载荷由 C 增加到 $2C$，$L_{10}=$________，$L_h=$________。

（5）滚动轴承密封的目的是____________________。滚动轴承常用的三种密封方法为________________、________________、________________。

15-3 为什么 30000 型和 70000 型轴承常成对使用？成对使用时，什么叫正装和反装？试比较正装和反装的特点。

15-4 滚动轴承基本额定动载荷 C 的含义是什么？当滚动轴承上作用的当量动载荷不超过 C 值时，轴承是否就不会发生点蚀破坏？为什么？

班级		成绩	
姓名		任课教师	
学号		批改日期	

15-5　在唇形密封圈密封结构中，密封唇的方向与密封要求有何关系？

15-6　滚动轴承常见的失效形式有哪些？公式 $L=(C/P)^{\varepsilon}$ 是针对哪种失效形式建立起来的？

15-7　轴系支承端的典型结构形式有三种，它们是两支点各单向固定，一支点双向固定，另一支点游动，两支点游动。试问这三种形式各适用于什么场合？

15-8　接触式密封有哪几种常用的结构形式？它们分别适用于什么速度范围？

班级		成绩	
姓名		任课教师	
学号		批改日期	

15-9　一对 7210AC 轴承分别承受径向力 $F_{r1}=8000\text{N}$、$F_{r2}=5200\text{N}$，轴向外载荷 F_{ae}（方向如图），试求下列情况下各轴承的派生轴向力 F_d 及轴向力 F_a。

（1）$F_{ae}=2200\text{N}$。

（2）$F_{ae}=900\text{N}$。

（3）$F_{ae}=1904\text{N}$。

（4）$F_{ae}=0$。

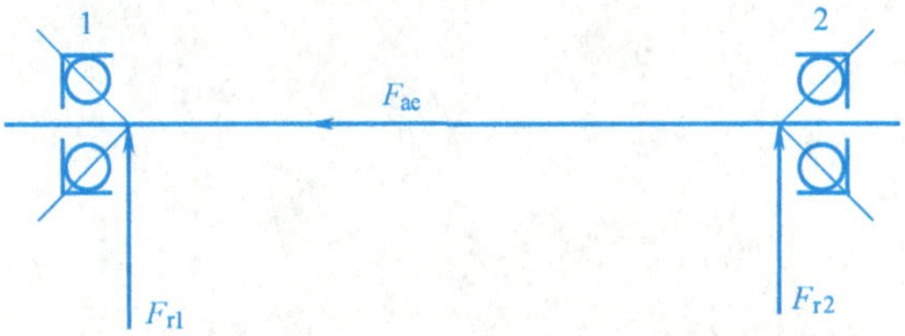

班级		成绩	
姓名		任课教师	
学号		批改日期	

15-10 蜗轮轴上安装有一对 30207 轴承，轴承上的载荷分别为 $F_{r1}=5000\text{N}$、$F_{r2}=2800\text{N}$，轴向外载荷 $F_{ae}=1000\text{N}$，工作温度低于 120℃，载荷平稳，转速 $n=720\text{r/min}$，试计算两轴承的寿命。

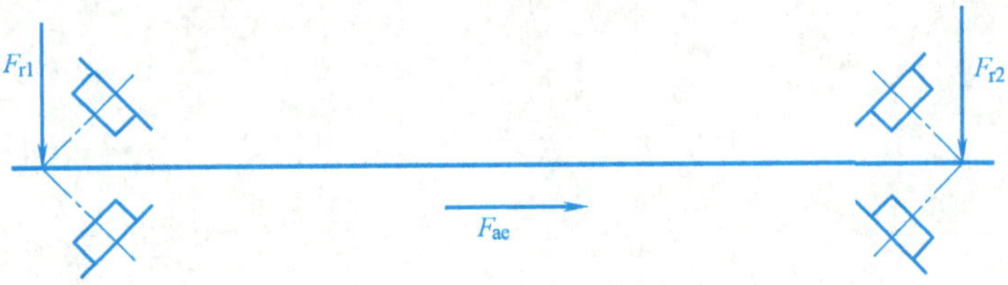

班级		成绩	
姓名		任课教师	
学号		批改日期	

15-11　下图所示轴系采用一对 7212AC 轴承支承。已知轴承径向载荷 $F_{r1}=2200\text{N}$、$F_{r2}=1300\text{N}$，轴向外载荷 $F_{ae}=1000\text{N}$，转速 $n=1460\text{r/min}$，预期计算寿命 $L_h'=25000\text{h}$，有轻微冲击，常温，试判断这对轴承是否满足要求。

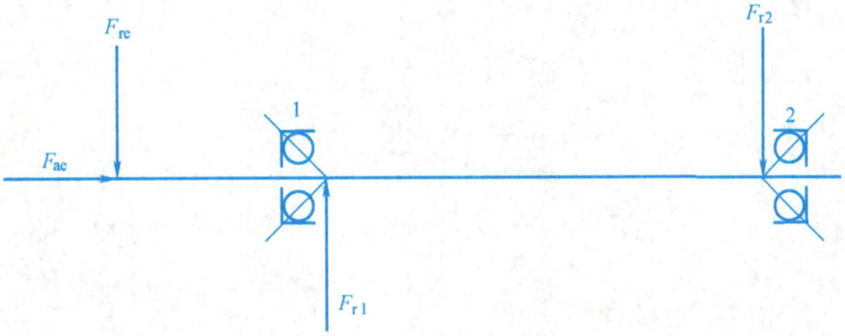

班级		成绩	
姓名		任课教师	
学号		批改日期	

15-12　某传动装置，轴上装有一对 6309 轴承。已知两轴承上的径向载荷分别是 F_{r1} = 1600N、F_{r2} = 2500N，轴向外载荷 F_{ae} = 750N，轴的转速为 n = 1450r/min，预期寿命为 L_h' = 15000h，工作温度不超过 100℃，中等冲击，试校核轴承的工作能力。若工作能力不满足要求，如何改进？

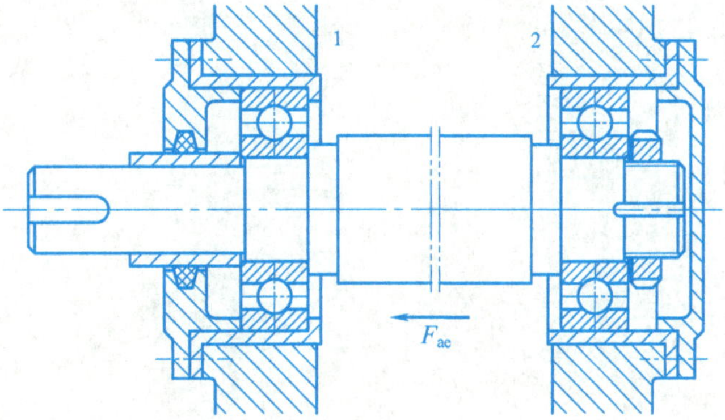

班级		成绩	
姓名		任课教师	
学号		批改日期	

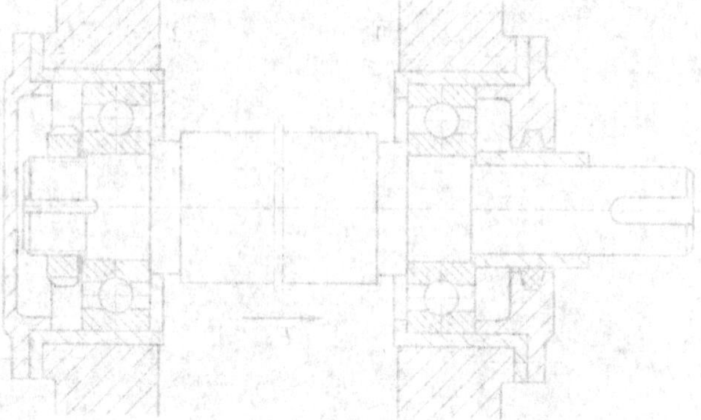

15-13　按要求在给出的下列结构图中填画合适的轴承（图中箭头示意载荷方向）。

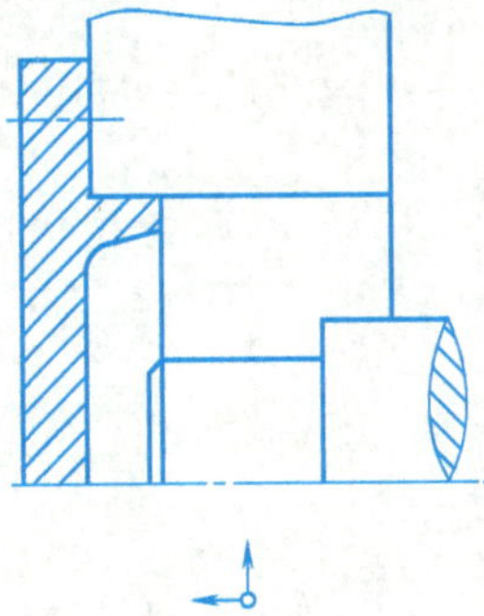

a) 单向固定支承

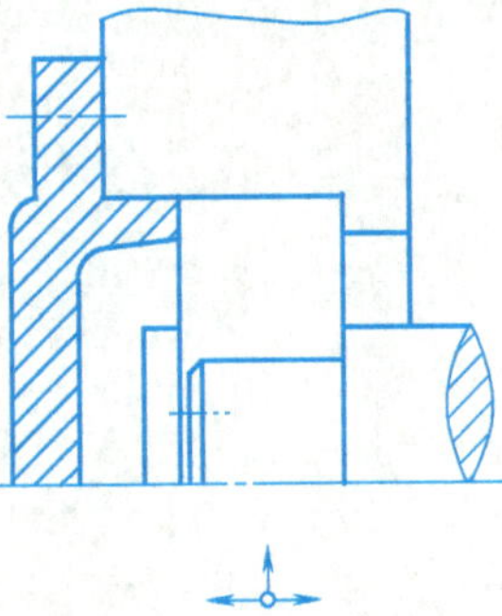

b) 双向固定支承

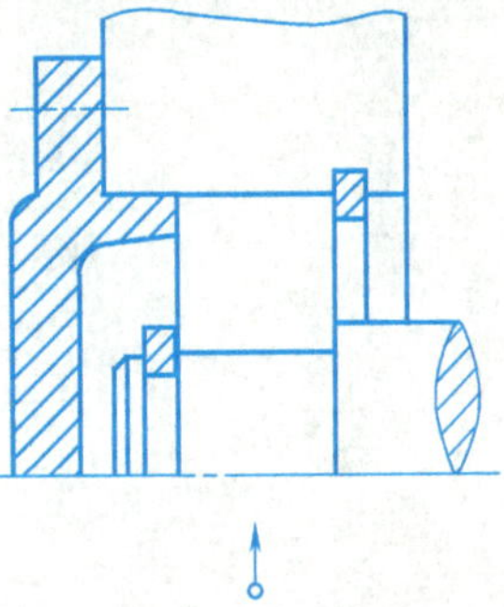

c) 游动支承

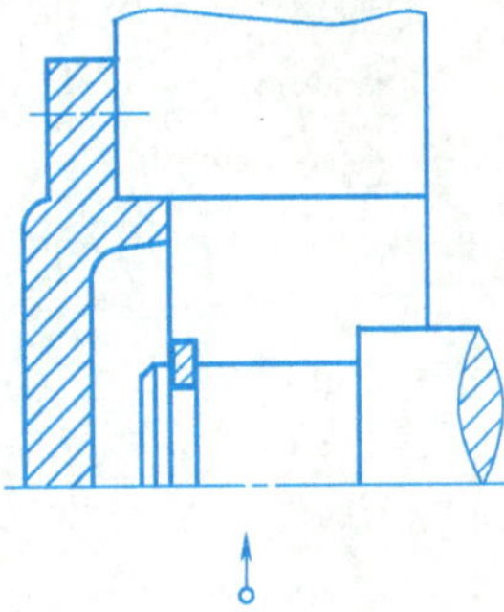

d) 游动支承

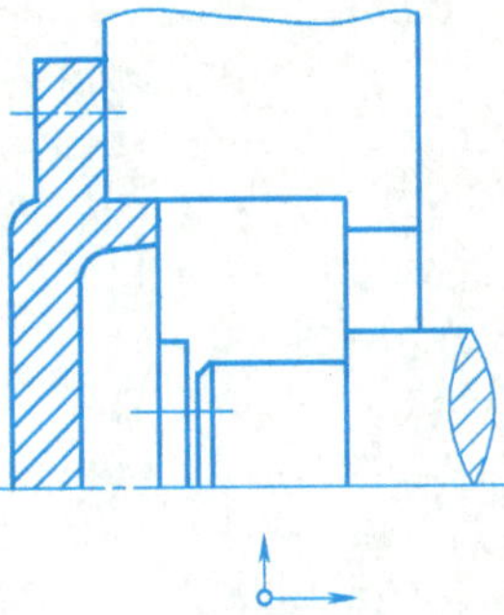

e) 单向固定支承

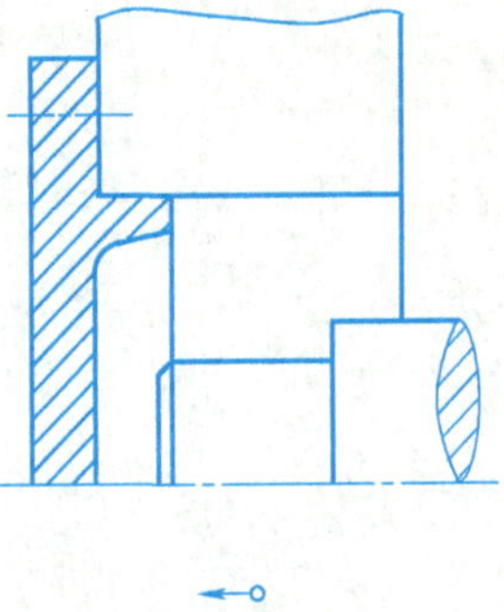

f) 单向推力支承

15-14　下图 a 所示的斜齿圆柱齿轮轴系存在错误结构或不合理之处，试在图 b 中画出正确的结构图。

a)

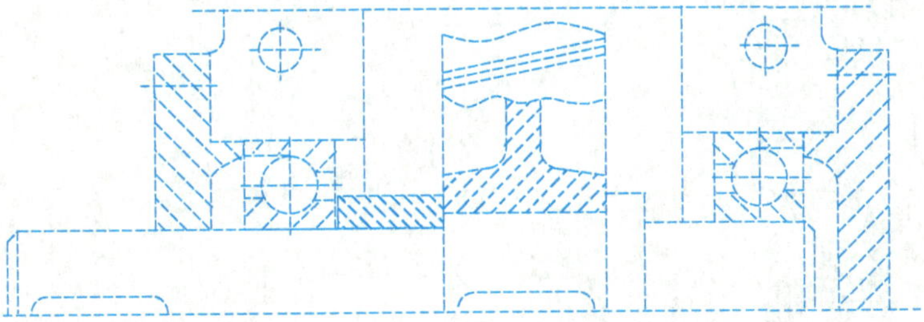

b)

班级		成绩	
姓名		任课教师	
学号		批改日期	

15-15　下图所示为一对正装角接触球轴承的小锥齿轮轴系结构，试指出图中的错误和不合理之处，按序号说明错误的原因，不得改变轴承的正装方式，不能改为齿轮轴。

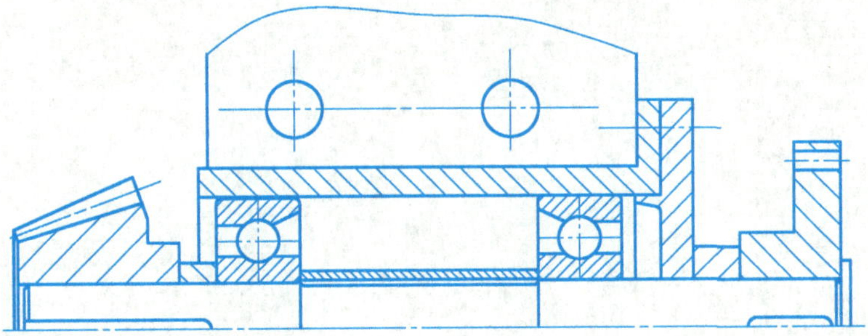

班级		成绩	
姓名		任课教师	
学号		批改日期	

第十六章　滑动轴承

16-1　选择题

(1) 轴承润滑的主要作用是＿＿＿＿＿＿。

A. 提高轴的强度　B. 提高轴的刚度　C. 减摩、降温、防锈、减振

(2) 润滑油的粘度越大，内摩擦阻力＿＿＿＿，即流动性＿＿＿＿。

A. 越大　B. 越小　C. 越差　D. 越好

(3) 不完全液体润滑滑动轴承验算压力 p 是为了避免＿＿＿＿；验算 pv 值是为了防止＿＿＿＿。

A. 过度磨损　B. 过热产生胶合　C. 产生塑性变形　D. 发生疲劳点蚀

(4) 径向滑动轴承的宽径比、载荷不变，直径增大一倍，则轴承的压力 p 变为原来的＿＿倍。

A. 2　B. 1/2　C. 1/4　D. 4

(5) 非液体摩擦滑动轴承，不需要进行验算的参数是＿＿＿＿。

A. p 值　B. dn 值　C. pv 值　D. v 值

(6) 滑动轴承在＿＿＿＿情况下的应用效果比滚动轴承好。

A. 轻载、低速、低精度、尺寸特大或特小　B. 重载、低速、低精度、尺寸特大或特小

C. 重载、高速、高精度、尺寸特大或特小、结构上要求剖分

(7) 设计液体动力润滑径向滑动轴承时，若发现最小油膜厚度 h_{min} 不够大，在下列改进设计的措施中，最有效的是＿＿＿＿。

A. 减小轴承的宽径比 B/d　B. 增加供油量　C. 减小相对间隙 ψ　D. 增大偏心率 χ

(8) 在＿＿＿＿情况下，滑动轴承润滑油的粘度不应选得较高。

A. 重载　B. 高速

C. 工作温度高　D. 承受变载荷或振动冲击载荷

(9) 动压润滑滑动轴承能建立油压的条件中，不必要的条件是＿＿＿＿。

A. 轴颈和轴承间构成楔形间隙　B. 充分供应润滑油

C. 轴颈和轴承表面之间有相对滑动　D. 润滑油温度不超过 50℃

(10) 在下图所示的几种情况下，可能形成流体动力润滑的是＿＿＿＿。

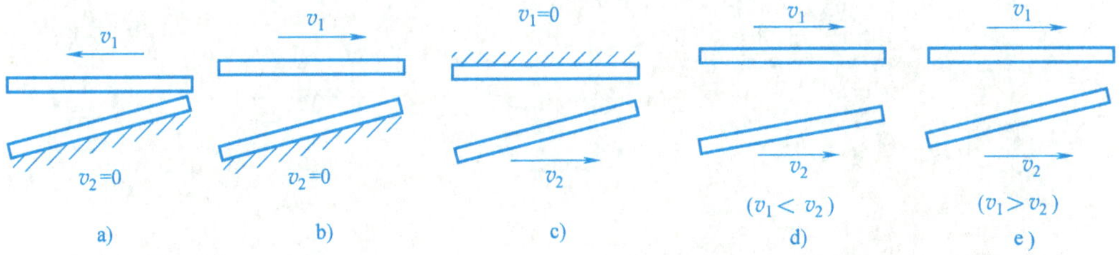

(11) 在滑动轴承材料中，＿＿＿＿通常只用作金属轴瓦的表层材料。

A. 铸铁　B. 巴氏合金　C. 铸造锡磷青铜　D. 铸造黄铜

(12) 下列各种机械设备中，＿＿＿＿只宜采用滑动轴承。

A. 中、小型减速器齿轮轴　B. 电动机转子　C. 铁道机车车辆轴　D. 大型水轮机主轴

16-2　填空题

(1) 滑动轴承按其承受载荷的方向分为＿＿＿＿和＿＿＿＿两种。

班级		成绩	
姓名		任课教师	
学号		批改日期	

（2）能相对轴承自行调节轴线位置的滑动轴承，称为________________。

（3）滑动轴承的承载量系数 C_p 随着偏心率 χ 的增加而________，相应的最小油膜厚度 h_{min} 也随着 χ 的增加而________。

（4）当轴不易由轴向装入滑动轴承时，可采用________结构的滑动轴承。

（5）宽径比 B/d 值越大，滑动轴承的承载能力________，润滑油越不容易从两端泄出，但温升__________________________，同时轴承占用空间也越大。

（6）获得液体润滑的方法有________________、________________________。

16-3　非液体滑动轴承的失效形式有哪些？轴承材料应具备哪些性能？

16-4　设计液体动压径向滑动轴承时，其相对间隙应如何选择？增加或减小会产生什么后果？

16-5　有一不完全液体润滑径向滑动轴承，直径 $d=100$mm，宽径比 $B/d=1$，转速 $n=1200$r/min，轴的材料为45钢，轴承材料为铸造青铜ZCuSn10P1，试问该轴承可以承受最大的径向载荷是多少？

班级		成绩	
姓名		任课教师	
学号		批改日期	

16-6　一径向滑动轴承，轴承承受的径向载荷 $F=20\text{kN}$，轴颈直径 $d=150\text{mm}$，宽径比 $B/d=1$，轴承包角为 180℃，轴颈转速 $n=1500\text{r/min}$，润滑油入口温度 $t_1=35$℃。拟采用 N22 号机械油，直径间隙 $\Delta=0.3\text{mm}$，轴颈与轴瓦孔的表面粗糙度值 $Rz_1=Rz_2=6.3\mu\text{m}$，安全系数 $S=2$，问此轴承是否可以实现液体润滑。

16-7　径向滑动轴承与轴颈的相对位置从静止到稳定运行如下图，试分析为什么会出现这四种相对位置？画出稳定运转时油膜的压力分布图。

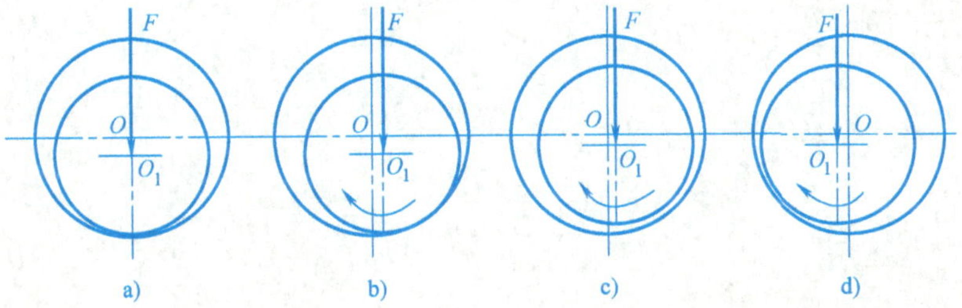

班级		成绩	
姓名		任课教师	
学号		批改日期	

第十七章　联轴器和离合器

17-1　选择题

（1）联轴器和离合器的根本区别在于________。

A. 联轴器只能连接两轴，离合器在连接两轴的同时还可连接轴上其他旋转零件

B. 联轴器可用弹性元件缓冲，离合器则不能

C. 联轴器必须使机器停止运转才能用拆卸的方法使两轴分离，离合器可在工作时分离

D. 两者没有任何区别

（2）联轴器和离合器的主要作用是________。

A. 缓冲、减振　　B. 连接两轴，传递运动和转矩

C. 防止机器发生过载　　D. 补偿两轴的不同心

（3）当载荷有冲击、振动，且轴的转速较高、刚度较小时，一般选用________。

A. 固定式刚性联轴器　　B. 可移式刚性联轴器

C. 弹性联轴器　　D. 安全联轴器

（4）滑块联轴器主要用于补偿两轴的________。

A. 综合位移　　B. 角位移　　C. 轴向位移　　D. 径向位移

（5）在下面的联轴器中，能补偿两轴的相对位移并可缓冲、吸振的是________。

A. 凸缘联轴器　　B. 齿式联轴器

C. 万向联轴器　　D. 弹性套柱销联轴器

（6）下列四种联轴器中，________有良好的补偿综合位移的能力。

A. 滑块联轴器　　B. 夹壳联轴器　　C. 凸缘联轴器　　D. 齿式联轴器

（7）两轴对中准确，载荷平稳，要求有较长的寿命，宜选用________；两轴中心线有一定的偏移，载荷平稳而冲击不大时，一般宜选用________；载荷平稳，但运转中有较大的瞬时过载而对机器会造成危害时，宜选用________。

A. 固定式刚性联轴器　　B. 可移式刚性联轴器

C. 弹性联轴器　　D. 安全联轴器

（8）牙嵌离合器中，应用最广泛的牙型是________。

A. 三角形　　B. 梯形　　C. 锯齿型　　D. 矩形

（9）在下面的离合器中，使用________时，只能在停车后或两轴转速差较小时结合，否则会因撞击而损坏。

A. 牙嵌离合器　　B. 摩擦离合器　　C. 磁粉离合器　　D. 超越离合器

（10）选择联轴器时，应使计算转矩 T_{ca} 大于名义转矩 T，这是考虑________。

A. 旋转时产生的离心载荷　　B. 运转时的动载荷和过载

C. 联轴器材料的机械性能有偏差　　D. 两轴对中性不好，有附加载荷

17-2　联轴器、离合器有何区别？

班级		成绩	
姓名		任课教师	
学号		批改日期	

17-3　试比较固定式刚性联轴器、可移式刚性联轴器和弹性联轴器各有何优缺点？各用于什么场合？

17-4　常用的固定式刚性联轴器、可移式刚性联轴器和弹性联轴器各有哪几种类型？

17-5　通常怎样选择联轴器的类型？

17-6　牙嵌离合器和摩擦离合器各有何优缺点？各适用于什么场合？

17-7　有一链式输送机用联轴器与电动机连接。已知传递功率 $P=15\mathrm{kW}$，电动机转速 $n=1460\mathrm{r/min}$，电动机轴伸直径 $d=42\mathrm{mm}$，两轴同轴度好，输送机工作时起动频繁并有轻微冲击，试选择联轴器的类型和型号。

班级		成绩	
姓名		任课教师	
学号		批改日期	

第十八章　弹　簧

18-1　填空题

（1）弹簧主要有________、________、________、________、________五种功用。

（2）弹簧的种类按形状不同可分为________、________、________、________、________等；按承受载荷不同可分为________、________、________、________等。

（3）常用的弹簧材料有________、________、________等。

（4）螺旋弹簧的制造过程包括________、________、________、________、________。

（5）圆柱螺旋弹簧的主要几何尺寸有________、________、________、________、________、________、________、________、________、________等

（6）圆柱螺旋弹簧的簧丝线径是按弹簧的________要求计算确定的，弹簧的有效圈数是按弹簧的________要求计算确定的。

18-2　根据工作条件对弹簧材料有什么要求？选用弹簧材料应考虑哪些因素？

18-3　什么是弹簧的特性曲线？有什么作用？

18-4　冷卷和热卷压缩弹簧的支承圈各有哪几种形式？各用在什么场合？

18-5　在什么情况下要验算弹簧的稳定性？怎样保证其稳定性？

班级		成绩	
姓名		任课教师	
学号		批改日期	

18-6　试设计一能承受冲击载荷的圆柱螺旋压缩弹簧。已知 $F_{min}=40N$，$F_{max}=240N$，工作行程 $h=40mm$，中间有 $\phi30$ 的心轴，弹簧外径不大于 45mm，用碳素弹簧钢丝Ⅱ组制造，两端为固定支承，端部并紧磨平。

班级		成绩	
姓名		任课教师	
学号		批改日期	

参考文献

[1] 孙桓，陈作模，等．机械原理 [M]．7版．北京：高等教育出版社，2006.

[2] 濮良贵，纪名刚．机械设计 [M]．8版．北京：高等教育出版社，2006.

[3] 杨巍，何晓玲．机械原理 [M]．北京：机械工业出版社，2010.

[4] 王军，何晓玲．机械设计基础 [M]．北京：机械工业出版社，2012.

[5] 杨可桢，程光蕴，李仲生．机械设计基础 [M]．5版．北京：高等教育出版社，2006.

[6] 彭文生，黄华梁，李志明．机械设计 [M]．2版．北京：高等教育出版社，2008.

[7] 葛文杰．机械原理作业集 [M]．2版．北京：高等教育出版社，2001.

[8] 赖三彦．机械原理作业集 [M]．北京：高等教育出版社，1993.

[9] 王军，何晓玲，等．机械原理作业集 [M]．2版．北京：机械工业出版社，2011.

[10] 田同海，王军，等．机械设计作业集 [M]．北京：机械工业出版社，2010.

[11] 李育锡．机械设计作业集 [M]．3版．北京：高等教育出版社，2007.

[12] 吴宗泽．机械设计习题集 [M]．3版．北京：高等教育出版社，2006.

[13] 张鄂．机械设计学习指导重点难点及典型题解 [M]．西安：西安交通大学出版社，2002.

[14] 彭文生，杨家军，王均荣．机械设计与机械原理考研指南 [M]．2版．武汉：华中科技大学出版社，2005.

[15] 王银彪，王世刚．机械原理习题精解精练 [M]．哈尔滨：哈尔滨工程大学出版社，2007.

[16] 孙江红，张志强．机械设计考研指导 [M]．北京：清华大学出版社，2005.

[17] 修世超，李庆忠，林晨．机械设计习题与解析 [M]．北京：科学出版社，2008.

[18] 田万禄，等．机械设计学习指导 [M]．沈阳：东北大学出版社，2006.

[19] 郭瑞峰，史丽晨．机械设计基础导教 导学 导考 [M]．西安：西北工业大学出版社，2005.

[20] 侯玉英，孙立鹏，等．机械设计习题集 [M]．2版．北京：高等教育出版社，2008.

[21] 黄瑗昶，等．机械设计基础习题集 [M]．天津：天津大学出版社，2009.

[22] 赵镇宏，尹明富，等．机械设计习题与解析 [M]．北京：清华大学出版

社，2007.
[23] 唐进元，等. 机械设计习题与解答[M]. 北京：电子工业出版社，2006.
[24] 张鄂. 机械设计学习要点与解题[M]. 西安：西安交通大学出版社，2006.
[25] 封立耀，肖尧先. 机械设计基础实例教程[M]. 北京：北京航空航天大学出版社，2007.
[26] 机械类教材辅导及考试应试指导委员会. 机械设计辅导及考研应试指导.[M]. 北京：机械工业出版社，2010.
[27] 张建中，何晓玲. 机械设计、机械设计基础课程设计[M]. 北京：高等教育出版社，2009.
[28] 李梅，孙传琼，等. 机械原理与机械设计实训[M]. 哈尔滨：哈尔滨工程大学出版社，2003.

《机械设计基础作业集》

何晓玲　王军　主编

读者信息反馈表

尊敬的老师：

您好！感谢您多年来对机械工业出版社的支持和厚爱！为了进一步提高我社教材的出版质量，更好地为我国高等教育发展服务，欢迎您对我社的教材多提宝贵意见和建议。另外，如果您在教学中选用了本书，欢迎您对本书提出修改建议和意见。

机械工业出版社教材服务网网址：http：//www. cmpedu. com

一、基本信息

姓名：________　性别：________　职称：________　职务：________

邮编：________地址：____

任教课程：______________电话：____—________（H）________（O）

电子邮件：______________________________手机：______________

二、您对本书的意见和建议

（欢迎您指出本书的疏误之处）

三、您对我们的其他意见和建议

请与我们联系：

100037　机械工业出版社·高等教育分社　刘小慧　收

Tel：010—88379712，88379715，6899 4030（Fax）

E-mail：lxh9592@ 126. com